JN192928

数学　7日間の旅

〈新装版〉

数学　7日間の旅

〈新装版〉

志賀浩二

紀伊國屋書店

本文中の写真は交通公社フォトライブラリー提供

目　次

はしがき

数学を専門家の手から解放して，数学に関心のある一般の人たちにも近づいてもらおうとする試みには，大きく分けて二通りの仕方があるようである。1つは，数学を長い歳月をかけて作り上げられた建築物のようにみて，ホールから入り，一階段，一階段をゆっくりと上りながら，一部屋，一部屋をできるだけていねいに見ていく行き方である。この歩みの中で数学に対する洞察は少しずつ深まり，視界は少しずつ広がって行くだろう。数学は一種の建築術であるという見方もあるのだから，このような試みは数学という学問の性格に適合したものといえるかもしれない。

もう1つの行き方は，できるだけ高い所に立って，数学のさまざまな往来を，周囲の景色の移り変わりの中で捉えることである。そうすることによって，多くの分野にわたる数学の強い連関性と，数学が科学の諸分野や社会の中でどのように用いられているかという綜合的な働き方が，一般の人たちにも展望されてくることになるだろう。たとえていえば，街の動きと広がりを知るには，高いビルか塔の上から街を見下ろして見るのがいちばん手っ取り早いというわけである。

本書では，この2つの行き方と多少趣きを異にした行き方で，数学の姿を紹介してみたいと思った。私たちが旅をしているとき，遠くの山の山なみに眼をやることもあるが，森の木の下に咲く小さな花に気づいて，立ち止ってじっと見ることもある。旅の景色は，私たちの日々の想いをそのまま写し出しているようである。景色は，私たちの主体性の中でさまざまな姿をとって現われる。数学もこのように見ることはできないだろうか。

しかしこのような数学の見方は，私たちの理性というよりむしろ感性の方に最初に訴える見方かもしれない。私は，原稿用紙を前にして，意味もなく数学の風景などという言葉を呟いているうちに，いつしか日本古来の絵巻物や，日本の歌人や俳人たちの旅姿を思い描いていた。

だが，気づいてみれば，これはいかにも日本的な発想なのかもしれない。改めて省みると，私は今まで数学の中につねに西欧を強く感じとっていたように思われた。しかし，数学を長いあいだ学んで，いったい，どれだけ西欧思想が私の身についたというのだろう。数学の学問としての体系は，確かにギリシャに源を発して，その後西欧の精神の１つの表象として継承され続けてきたのだろうが，数学を学ぶ私たちの感性は，やはりこの日本の風土の中にある。私たちは，日本的な感性の中で，もっと明確に，もっと自覚的に数学を感じとってもよいのではなかろうか。

本書は，７日間の旅に気楽に旅立つようなつもりで，数学の中から７つのテーマを選んでエッセイ風に書いてみた。それぞれの日に和歌や俳句を配したのは，ここに見えてきた数学の景色にも，私たち日本人の感性に直接働きかけるものがあることを，感じ取ってもらいたかったからである。数学も，私たちから隔絶したところにあるわけではなく，心の奥底では，和歌や俳句にみられる，あの私たちのよくなじんでいる親しい世界に，一筋の糸でつながっているに違いない。

数学に近づく道は，やはり数学に向かってごく自然に心を開いていくことである。花に向かって心を開けば，花は私たちに語りかける。同じように数学もまた私たちに語りかけてくるだろう。数学は，私たちの身近にある花なのである。

1日目

見る——幾何

吉野山去年(こぞ)のしをりの道かへて
まだ見ぬかたの花を尋ねむ
——西行

午　前

これから7日間，読者といっしょに数学の旅に出かけようと思う。片雲の風に誘われるようなものだから，服装も身軽にして旅立つことにしよう。私たちの旅に，花を愛で，月を眺めるというようなことを期待するわけにはいかないが，それでも数学に心を寄せる人たちには，いわば春霞の中に花を求めるような道がどこまでも続いているかもしれない。そのような道をゆっくりたどりながら，旅路につくことにしよう。

旅の景色を見るように，私たちも，数学の景色となるものを，まずよく見ることからはじめよう。図1のような，2直線が1点で交わるごく簡単な図形を見てみよう。この図をよく見るといっても，実は2通りの見方がある。

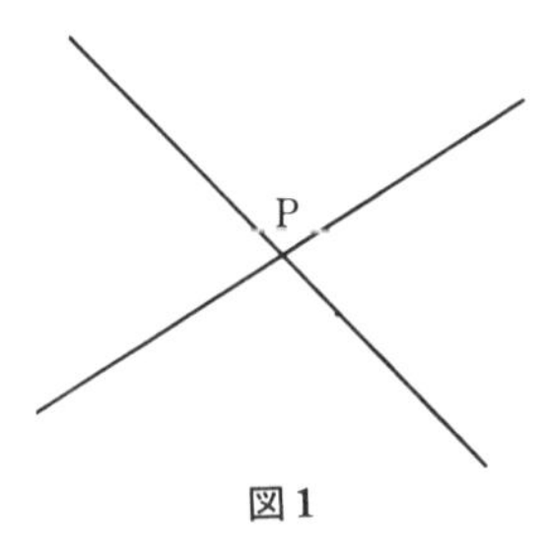

図1

1つは実証的な見方であって，この図形を拡大鏡や，場合によっては顕微鏡を用いてでも，よく観察してみようとする見方である。そのように拡大してみると，図1の交点Pのまわりは

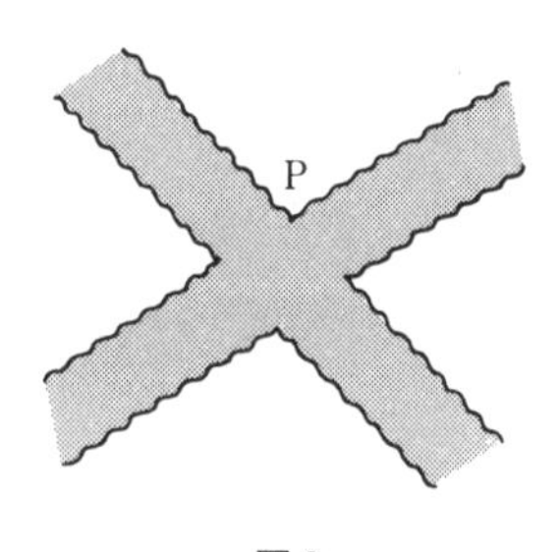

図2

図2のように見えてくるだろう。拡大鏡の倍率が10倍で，図2でPを測ってみたところ1辺が0.6 cmのひし形であるということが判明するならば，図1で点Pと見ていたものは，実は1辺が0.06 cmのひし形であったということになる。このような調べ方をするならば，どんなに細い線で図1を書いてみても，交点には大きさがあるということが結論されてしまうことになる。そしてまた，私たちが図1を別の紙に写して，同じ図と思って描いた図も，よく調べてみると線の太さが違って，なんだやはり違う図だったということにもなるだろう。このような見方を，英語では‘observe’というのかもしれない。

しかし，そんなことは十分熟知した上でも，私たちは図1をじっと見ていると，直線には幅がない，点Pには大きさがない，「直線はやはり直線であり，点はやはり点だ」という考えが湧いてくる。じっと見ているうちに，この考えはますます強くなって，確信に近いものになってくる。このとき私たちが図1をじっと見ている見方は，確かに図2を通して図1を観察している見方とは違う。

私たちは，このとき図1から何を見ているのだろうか。数学という学問を誕生させたギリシャの人たちは，図1を通して，私たちはイデヤの世界を見ているのだと考えた。「平行でない2直線は1点で交わる」というイデヤの世界における実相の投影されたものが図1であって，私たちは，いわば図1に映し出された‘影’によって，イデヤの世界の実在を察しているということになる。

ここで‘影’といったのは，プラトンの『国家』第7巻に述べられている，人間の本性とものの実相についての有名なたとえを思い出したからである。このたとえによると，人間は生まれたときから，光を背にして，洞窟の壁だけを見るように鎖で束縛された囚人のようなものであるという。実在するものは，光の差しこんでいる入口の方にあり，私たちの見ているものは，ただ壁に映る影にすぎない。このたとえにしたがえば，図1もまた，洞窟の壁に映る影なのである。

プラトンに述べられているこのようなギリシャ思想にまで溯らなくとも，いわれてみれば，図1に対してこのような見方があることは，だれでも認めることができるだろう。私たちは，あるものを見て眼を閉じると，しばしばほかのはるかに抽象的なものが連想されてくるという経験をもつことがある。この経験の中で感知されるものは，このような連想を惹きおこすものは，ものの姿，形というよりは，その中に隠されているものの実相に違いないということである。ものの外面に示されている形から，内部にあるものへと視点を動かしていくような見方は，確かに私たちの精神活動の根源に深くかかわっている。

だが実は，このような見方は数学的な見方であるといってもよいのである。そして，私たちは，それをごく自然なものとして受けいれている。たとえば図3のように1辺が2cmの正方形を2つ書いてみる。私たちは，この2つの正方形は互いに重ね合わされるという意味で，同じ正方形を描いていると思っている。しかし，これももし細かく観察してみるならば，線分は決して正確に直角に交わっているわけではないだろうし，長さ2cmなどといっても，少しの誤差もない2cmの線分が引けるはずはない。図3の2つの正方形は完全には同じ

図3

ものではないことは，すぐにわかるだろう。

私たちが図3で見ているものは，細かい差などは無視して，2つの図形に共有している本質的な性質だけを捉え，そこを見ているのである。合同な三角形を2つ描いて，それが‘同じもの’を表わしていると考えるのは，やはり同じ見方によっている。私たちは，図形の中に示されている点や線分の相互の関係や，共通の性質を見抜き，その関係や性質がある像を結んでいると考える。この像はどこにあるのかと聞かれれば，やはりイデヤの世界にあるとしか答えられないだろう。

プラトンの『国家』では，洞窟の壁に向かって縛られている囚人のたとえに続いて，次のようなたとえ話が語られている。*)

> 彼らの一人が，あるとき縛めを解かれたとしよう。そして急に立ち上って首をめぐらすようにと，また歩いて火の光のほうを仰ぎ見るようにと，強制されるとしよう。そういったことをするのは，彼にとって，どれもこれも苦痛であろうし，以前には影だけを見ていたものの実物を見ようとしても，目がくらんでよく見定めることができないだろう。

今から約2300年前に著わされたユークリッドの『原論』は，いわば縛めを解かれた人が，首をめぐらしたときに見たものを私たちの前に示したものである。私たちが日頃見なれている点や直線や円の実相はどのようなものか，『原論』はそれを明らかにしようとしたのである。『原論』は23条の定義と5条の公準と9条の公理から

---

*）岩波文庫『国家』の藤沢令夫氏の訳による。

はじまる。定義の一部と公準を書いてみよう。

【定　義】

1. 点とは部分のないものである。
2. 線とは幅のない長さである。
3. 線の端は点である。
4. 線分とは，その上の点に対して一様に横たわるようなものである。

…

23. 同一平面上にある2つの直線で両方に限りなく延長しても交わらないとき平行という。

【公　準】

次のことが要請される。

1. 任意の点より任意の点まで直線を引くこと。
2. 与えられた直線を続けて真直に延長すること。
3. 任意の中心および半径をもつ円を描くこと。
4. すべての直角は等しいこと。
5. 1直線が2直線に交わるとき，同じ側の内角の和が2直角より小さいならば，この2直線は，限りなく延長されたとき，内角が2直角より小さい側において交わること。

この‘定義’と‘公準’に対し，少しコメントを述べておこう。

まず‘定義’を見てみよう。定義である以上，現代的な立場でいえば，この‘定義’によって，そのもののもつすべての属性が規定されているはずである。しかし、点や直線について生まれてから一度も見たことも聞いたこともない人に，「点とは部分のないものである」「線とは幅のない長さである」といったとき，何が，どれだけわかるだろうか。点は目の前にある鉛筆や本のようなものではなさそうだということは察しがつく。しかし抽象的な概念である花や草は，部分があるのだろうか，ないのだろうか，点といってよいのだろうかなどと考え出すと，何だかよくわからなくなってくる。直線の定義にしても，たとえば東京と大阪の間の長さだけを想像していると，それでもう直線を考えていることになるのだろうかなどと疑いはじめると，やはりわからなくなってしまう。

このようなことをいっていると，私が読者に『原論』における‘定義’の不十分さだけを指摘しているようにとられるかもしれない。だが，私がここで強調したいのはむしろ，‘ものの実相’を適確に捉え，それを表現することがいかに難しいかということである。それを知るためには『原論』をひとまず閉じてしまって，私たちひとりひとりが，点とか直線をじっと見て，そこから何かこれらの本性を捉えようと努めてみるとよいのである。そのとき私たちは言葉に窮し，これに対して定義を求めるよりは，ふつうのように，紙の上に点と直線を書いて，それを指し示す方が，どんなにはっきりとこの概念を示したことになるかと感ずるだろう。

そう思って『原論』の‘定義’を眺めると，ユークリッドが『原論』という大著の書き出しに苦心したさまが伝わってくるようである。この‘定義’に用いられた表現は，前に引用したプラトンの『国家』の文章を用いていえば，私たちが‘ものの実相’に向かったとき「目がくらんでよく見定めることができないのである」という状況をよく示しているのかもしれない。

『国家』では，実はこれに引き続いて次のような話が続いている。これもまた『原論』の背景を照らしているようで興味がある。

そのとき，ある人が彼に向かって，「お前が以前に見ていたのは，愚にもつかぬものだった。しかしいまは，お前は以前よりも実物に近づいて，もっと実在性のあるもののほうへ向かっているのだから，前よりも正しく，ものを見ているのだ」と説明するとしたら，彼はいったい何と言うと思うかね？　そしてさらにその人が，通りすぎて行く事物のひとつひとつを彼に指し示して，それが何であるかをたずね，むりやりにでも答えさせるとしたらどうだろう？　彼は困惑して，以前に見ていたもの〔影〕のほうが，いま指し示されているものよりも真実性があると，そう考えるだろうと思わないかね？

ユークリッドの『原論』は，命題に対して完全に論理的な証明を与えるという形によって，幾何学の体系を樹立しただけではなく，数学的な思索に対する表現形式も確立したという意味で，‘数学の原典’として，2000年以上にわたって，西欧の思想界に深い影響を与え続けてきたのである。

しかし，公理体系から出発して，完全な演繹体系としての幾何学を構成するという観点からみるときには，『原論』はなお不十分であった。点とか直線の定義はひとまず認めるとしても，たとえば『原論』では，三角形の頂点を通って三角形の内部に向けて引いた直線は，必ず対辺と1点で交わるということは明らかなものとしているが，実際はこの種のことは，公準として要請すべきものであった。なぜなら，かりに，線分上の点とは，整数比で測られる内分点からなるとして幾何学をつくると，図4で示したようなとき，対辺との交点はなくなってしまうからである。数学史の上では，このことはピタゴラス学派の驚きとして伝えられている。

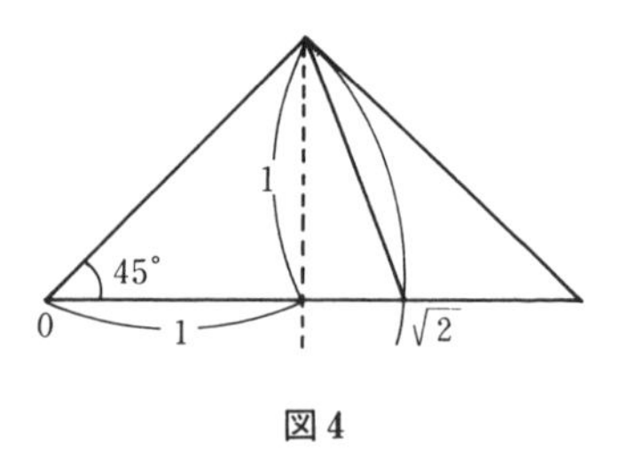

図4

幾何学を，いくつかの公理から出発して，演繹体系として完全な形に構成する試みは，『原論』が出てから2000年以上たってヒルベルトの『幾何学の基礎』においてはじめてなされ，その成功は，20世紀の数学の上に深い影響を与えたのである。『幾何学の基礎』は，1890年から1900年代の初めにかけてのヒルベルト壮年期の，深い思索の成果であった。

『幾何学の基礎』は，冒頭に次のカントの『純粋理性批判』からの言葉を掲げている。

> かくの如く人間のあらゆる認識は直観をもって始まり，概念にすすみ，理念をもって終結する。

いまの私たちに関心のあるのは，ヒルベルトは，どのようにして自ら鎖を解き放ち，‘ものの実在’のある光の方へ顔を向け，そこに何を見たかということである。そのため，『幾何学の基礎』の最初の部分をここに戴せてみよう。

『幾何学の基礎』の第1章は‘5つの公理群’と名づけられ，その第1節は‘幾何学の構成要素と5つの公理群’であって，それはすぐ次の定義からはじまる。

【定義】 我々は三種類のものの集りを考える：第1の集りに属するものを点と名づけA，B，C，…をもって表わす；第二の集りに属するものを直線と名づけa，b，c，… をもって表わす；第三の集りに属するものを平面と名づけα，β，γ，… をもって表わす：また点を直線幾何学の構成要素，点と直線とを平面幾何学の構成要素，点，直線および平面を立体幾何学または立体の構成要素という。

我々は，点，直線，平面をある相互関係において考えることにし，この関係を表わすのに「横たわる」，「間にある」，「合同」，「平行」，「連続」等の言葉を用いることにする。そして幾何学の公理によって，これらの関係を正確に，かつ数学の目的に適うように完全に記述する。

幾何学の公理はこれを５つの群に分けることができる；これらの公理群の各々は，ある同じ種類の我々の直観の基礎事実をいい表わしている。これらの公理群を次のように名づける：

I_{1-8}.　結合の公理
II_{1-4}.　順序の公理
III_{1-5}.　合同の公理
IV.　平行の公理
V_{1-2}.　連続の公理

ここでたとえばI_{1-8}と書いてあるのは，結合の公理が，１から８まであることを示している。これらの公理がどんな形のものか例示するために，結合の公理I_1，I_2，I_3と，順序の公理II_1，II_2だけを抜き出して書いてみよう。

I_1.　２点Ａ，Ｂに対して，これらの２点を結ぶ少なくとも１つの直線がつねに存在する。

I_2. 2点A，Bに対して，これらの2点を結ぶ直線は1つより多くは存在しない。（2つ，3つ，…の点などというときには，すべて相異なる点を指すものとする。）

I_3. 一直線上にはつねに少なくとも2点が存在する。一直線上にない少なくとも3点が存在する。

順序の公理の前に次の定義が挿入されている。

【定義】 一直線上の点は互いにある関係をもつ。これを述べるために，特に「間」という言葉を用いることにする。

II_1. 点Bが点Aと点Cとの間にあれば，A，B，Cは一直線上の相異なる3点であって，Bはこのとき CとAの間にある。

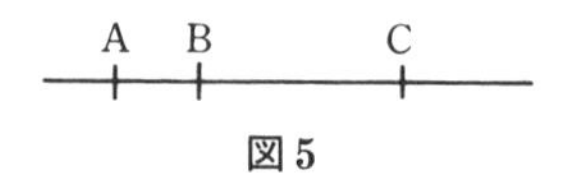

図5

II_2. 2点AとCに対し，直線AC上につねに少なくとも1点Bが存在して，CはAとBの間にある。

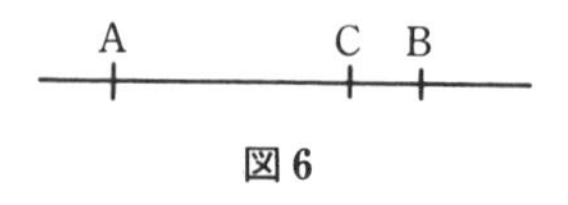

図6

このような公理の形を見てもわかるように，ヒルベルトは‘幾何学の実相’を，点，直線，平面の相互関係にあるとみたのである。公理で規定された相互関係をみたすようなものならば，点，直線，平面に対して何か直観的なイメージを付すような必要はなくて，点，直線，平面など何でもよいのだと，ヒルベルトは考えた。これについての1つの挿話が伝えられている。1891年，ドイツのハレルで行なわれた自然科学者大会に出席したヒルベルトは，H. ウィーナーの幾何学の基礎に関する講演に強い関心を示した。この学会の帰り途，ベルリンのある駅の待合室で，同行の幾何学者と幾何学の基礎について討論した。このときヒルベルトは「点，直線，平面の代りに，テーブル，椅子，ビールコップを使っても幾何学ができるはずだ」といったという。

確かに，テーブル，椅子，ビールコップを使って，このテーブルを点といい，この椅子を直線といおうといって，これら相互の関係だけで幾何学は構成されるのかもしれない。しかし，『幾何学の基礎』に描かれている図は，テーブルでもなく，椅子でもない。私たちの見なれている点と直線からつくられる幾何の図形である。たとえば，上の順序の公理 II_1，II_2 の下においた図5，6は，『幾何学の基礎』にそのまま載っているものである。

私自身の思い出を述べると，学生の頃『幾何学の基礎』を手にとってみて，その抽象的な厳密な構成に驚いたのであるが，同時に，順序の公理のところに，このようなごく‘ふつうの図’が載せられているのに驚いたのである。ヒルベルトは，このような図を載せることによって，何を明らかにしたかったのだろうか。

私は勝手に想像する。私の考えでは，数学者は首を回し，光の差しこんでくる方向にある‘ものの実相’を見ようと努める。しかし実相は，つねに抽象的な，理念的なものとして現われてくる。これらを概念化し，さらにそれらを論理の糸で結ぶことは，理性の働きであろうが，それは数学にとって最後の仕事である。私たちが，数学に向かう精神活動において最初にはっきりと‘見る’ことのできるものは，やはり壁に映ずる影の方である。この影は私たちの直観に強く訴えて，私たちに光の方を振り向かせる契機を与え続けているようである。

数学の抽象性はよくいわれるが，私の意識からいえば，抽象性に徹しようとすると，かえってそこに浮かび上がってくるのは，具象的な像なのである。ヒルベルトは，順序の公理の所にごく簡単な図をおくことによって，『幾何学の基礎』で取り扱う対象は，論理は論理としても，実際はごく自然な自明なものであるということを示したかったのかもしれない。あるいは，関係とは，このように指で指し示すことができるようなものだといいたかったのかもしれない。幾何学を考えるには，実際のところ，ふつうのように点と直線を引いて考えれば十分なのである。

一 休 み

一休みしましょう。ここまではプラトンの『国家』の第７巻を中心において話を進めてきました。もちろん現在では，数学も多様となって，たとえば応用数学のように，現実の社会や自然現象に密着して，そこからいかに数学モデルを見出すかという問題意識をかかえる数学では，その視点をプラトンのイデヤにまで戻す機会は少ないでしょう。数学の中でも幾何学は，その学問としての起源を『原論』に負うため，特にイデヤ的な考えが深く浸透しています。幾何学の公理化については，何もユークリッドの『原論』や，ヒルベルトの『幾何学の基礎』を開いてみなくとも，小平邦彦先生の『幾何のおもしろさ』（岩波書店）で十分内容がわかります。幾何を学ぶためには，ヒルベルトのような厳密な立場を学ぶ必要はないと思います。それは専門家の仕事であって，一般の人から見れば，このような試みは無理をして首を回わしているようにもみえるでしょう。幾何に近づくには，問題を実際解いてみて，その中から，おもしろさを感ずる以外にはないようです。この道を通ることによって，直観から理解への道が自ら拓けてくるでしょう。

プラトンの『国家』第７巻からの引用が中途半端だったので，誤解をよぶかもしれません。もう少し補足しておきます。この第７巻は，教育と無教育とに関連して，人間の本性を論じた章であって，引用したのは，その最初の一部分でした。『国家』の中の語り手‘ぼく’はソクラテスですが，ソクラテスは，どのようにして洞窟に縛られている囚人を解いて，上の世界へと向けさせるかをグラウコンとの問答の形で語っています。このための教育として，ソクラテスは第一の学科として‘数と計算’，第二の学科として‘平面の幾何学’，第三の学科としては最初天文学を挙げましたが，すぐに撤回してこれを第四の学科へと回し，第三の学科として‘立体の幾何学’を挙げ，ここに次のような問答をおいています。

「ところでそのあとですが」と彼（グラウコン）はつづけた，

「最初は幾何のつぎに天文学を置きながら，あとでそれを撤回されましたね」

「じっさいのところ」とぼくは言った，「はやく全部を通過しようと急いだために，かえって遅くなってしまったのだよ。つまり，つぎには深さをもった次元の研究が来るのが順序なのに，その探求の仕方の現状がおかしなものなので，それを飛び越してしまって，幾何のつぎに天文学を挙げたのだ。これは深さをもったものの運動に関わるものなのにね」

そして最後にこれらの学科をすべて総合するものとして哲学的問答法を挙げ，それまでの議論を次のようにしめくくっています。

縛めから解放されて，うつっている影から，その影の元にある模像と火の光のほうへ向きを変え，地下の住いから太陽のもとへと上昇して行くこと，そしてそこまで昇ってから，動物や植物や太陽の光を直視することはまだできずに，水にうつったその神的な映像と影とに――つまり影は影でも，太陽と比べればそれ自身が模像的な光によってうつし出された，模像の影ではもはやなく，ちゃんとした実物の影に――視線を向けること，こういった段階があった。われわれがこれまで述べてきたいくつかの学術を研究することは，全体として，ちょうどこれに相当するような効果をもっているわけであって，それは，魂のうちなる最もすぐれた部分を導いて，実在するもののうちなる最もすぐれたものを観ることへと，上昇させて行くはたらきをするものなのだ。…

午　後

午前中は，ユークリッドの『原論』の‘定義’から話をはじめたが，途中で2000年以上飛び越してヒルベルトの『幾何学の基礎』まで話を進めてしまった。午後の旅はもとに戻って，『原論』の5つの‘公準’から出発することにしよう。この中で第5公準が平行線の公理としてもっとも有名なものであるが，これについては，すぐあとで少しくわしく触れることにする。

5つの公準で要請されていることは，見方によってはすべて無味乾燥なものだけ並べられているともいえるのであって，これはプラトンの著作などと比べると，『原論』の独特なスタイルとなっている。しかし，私たちは気楽に旅をしているのだから，あまり形式などに捉われないで，ぼんやりと公準の景色を眺めて，そこから何か感想を綴ってみることにしよう。眺めていると，ユークリッドは，幾何学の背景に拡がる広い果しない平面——世界——をどのように感じとっていたのだろうかと思われてくる。たとえば第1公準‘2点を直線で結ぶことができる’において，2点をどの程度隔ったものと考えていたのだろうか。私たちの立つ点から天空の星までも直線で結べるということまでも要請しているのかと想像すると，急にこの第1公準にもみずみずしさが加わってくる。

この第1公準で思い出したが，私が大学の2年生の頃，先生から，「小さな定規が１つしか手もとになくとも，この定規だけを使って，遠く離れている２点ＰとＱを結ぶ直線を引けると思いますか？」と聞かれて，そんな問題があったのかとびっくりしたことがあった。たとえば１辺が15 cmの三角定規しかないのに，ある点Ｐから１km離れた所にある点Ｑまでこの定規を使って直線を引くことができるか，と聞かれたのである。P，Ｑを結ぶ直線の存在は第１公準で保証されているが，与えられた定規だけで実際引けるかどうかは別問題である。図７で見てもわかるように，点Ｐから点Ｑの方向を見定めながら，線分を引いては延ばし，引いては延ばしということを繰り返していっても，このようにして引いた直線がちょうどＱを通る可能性は皆無であるといってよい。

先生は「実はそれは幾何の１つの定理を用いれば可能なのです」といわれて，まず用いる幾何の定理を説明された。図８のように点Ｐで交わる２つの半直線L，L'と，L，L'の外にある点Ｒが与えられたとする。このときＲを通る任意の２直線とL，L'のつくる四角形の対角線の交点は，（２直線のとり方によらず）Ｐを通る一定直線上にある。（この定理を初等幾何で証明するのは少し難しい。

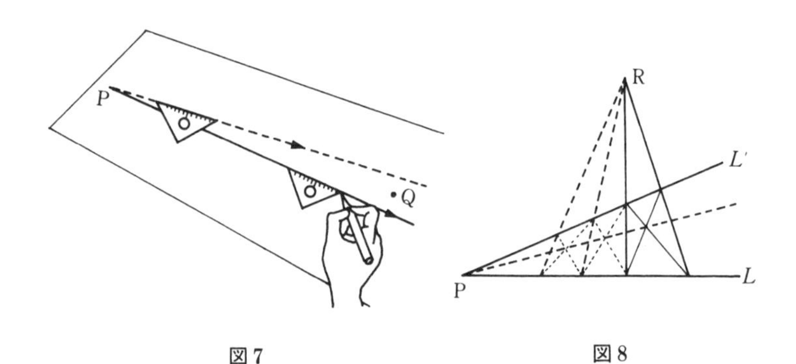

図７　　図８

Pを座標原点，Lをx軸にとって解析幾何を用いて対角線の交点の座標を求め，Pとこの交点を通る直線の傾きが，Rを通る2直線のとり方によらないことを示すとよい。）

さて，この定理を認めることにしよう。いま，P，Qを結ぶ直線を引くために，Pから小さい定規で短い線分をつなぎ合わせながらQへ向かって，2本の直線を延ばしていく。はじめのうちは，この2本の直線は，図9(a) の点線で示してあるように，Qからかなり遠いところを走る直線となるだろう。しかし何回かの試行錯誤ののちには，Qを中に挟み，Qの十分近い所を走る2本の直線が引けるようになるだろう。この2本の直線をL，L'とする。十分近いというのは，Qに定規を適当に当ててみると，定規はこの2本の直線L，L'に交わるほど近いという意味である。そこでQを通って，2本の線を定規を当てて引き，次にこの2本の線とL，L'との交点を定規で結んで，この線を延長して，図9(a) で示してあるような交点Rを求める。

次に，Rを通って，いま引いた直線に十分近くに（図9(a) のと

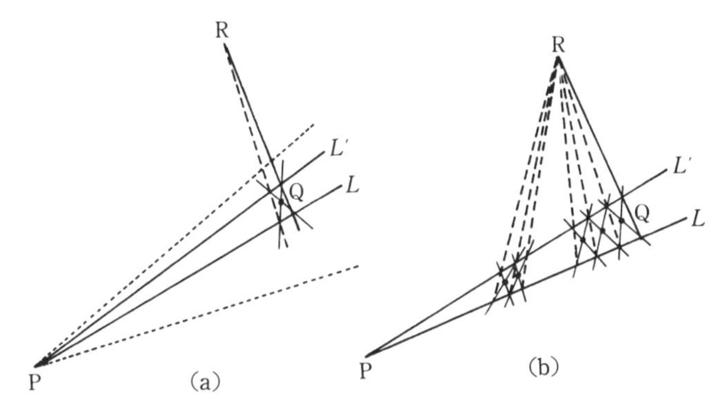

図9

きには，破線で書いてある直線の少し左側に）直線を引く。そうすると，この直線と L，L' との交点に，定規を当てて線を引くことができ，対角線の交点が求められる。この操作を繰り返していくと，Q から P の方へ向けて，対角線の交点として得られた点列が並んでいく（図 9(b)）。この隣り合った 2 点の間隔は十分小さくとれるから，これらの 2 点を，定規を用いて順次線分で結んでいくことができる。

ここで図 8 を見て，定理を参照すると，これらの線分は，一直線上に並んでいて，この直線は最後に P を通ることがわかる。

先生は，「これで P と Q を結ぶ直線が無事引けました」とおっしゃってから，「ふつうはもっと難しい証明なのですが，いまお話した証明は，実は僕が学生のとき気がついたものなのです」と，にっこり笑ってつけ加えられた。

第 2 公準「直線はどこまでも延ばすことができる」についても，このように表明されると，やはり直線はどこまでも延びるといっても，どんなにして直線を延ばしていくのだろうか，その果てはどうなるのだろうかと想像してしまう。公準 3「どんな半径，中心をもつ円もかける」についても似たようなことを考えてしまう。しかし，たとえば 2 世紀に活躍したアレクサンドリアのプトレマイオスの天文学では，惑星の運行を円軌道の重ね合わせとして理解しようとしていたが，このようなとき，無意識のうちであれ，いくらでも大きな円が書けるという保証を与えていたのは公準 3 である。惑星の運行を表わす想像を絶するような大きな円も，紙の上にコンパスで描かれた小さな円も，私たちはごく自然に同じものであると考えている。現代流にいえばこれも一種のパターン認識というのかもしれないが，立ち止って考えてみると不思議な感じがする。公準2，3の背景にあるものは，ユークリッド幾何が，私たちを取り囲む，この目に見える世界を映しているという，疑いようもない確信である。

なお，解析幾何を使えば，公準2は，直線は座標平面上で

$$ax+by+c=0 \qquad (a,\ b\text{の少なくとも1つは0でない})$$

をみたす点 (x, y) の全体であって，この方程式は，たとえば $a \neq 0$ ならば，どんな大きな x（またどんな小さな x）をとっても解 (x, y) をもつといえばよい。

また公準3は，任意に点 (p, q) および正数 r が与えられたとき

$$(x-p)^2+(y-q)^2=r^2$$

をみたす点 (x, y) は必ず存在する；このような点 (x, y) の全体を，中心 (p, q)，半径 r の円であるといえばよい。

ユークリッド幾何から解析幾何へと移ると，定規で線を引くとか，コンパスで円を描くなどということは，原理的には，数式表現と方程式の解の存在に帰着されてくる。いわば，‘世界の実相’ が ‘数の実相’ へ移されて，そこで表現されてくるのである。角の3等分が作図不能であるという，不可能性の証明も，『原論』の世界の中では得られるものではなかったので，解析幾何の世界へ問題を移して，一般に三次方程式の解は，コンパスと定規だけで求めるわけにはいかないということで示したのである。

公準4「すべての直角は等しい」については，ヒルベルトは『幾何学の基礎』の中で，「これをユークリッドは公理の1つに採用しているが，筆者は不適当であると思う」と述べている。ヒルベルト

は，最初に合同の公理をおいて，その結果として，この公準 4 を導くことが自然であると考えたのである。実際ヒルベルトは，この公準を定理 21 として，合同の公理を述べたあとで，証明している。

これについても，また少し思いついたことを書いておく。私のギリシャ数学に対する知識など，常識の域を出ていないが，ユークリッドの『原論』には，運動の概念は一切持ちこまれていない。1つ1つの図形は，平面の中に静かにおかれている。ユークリッドのこの運動概念を拒否する慎重さには，エレア学派のツェノンに代表されるような，運動とか連続量に対する逆理の提示に対し，その論点を避けるのが一因であったといわれている。ユークリッドが，幾何学の中に運動とか，変換の概念を導入しなかった影響は，その後長く続いたようである。

ヤグロムという人の書いた『クラインとリー』という本によると，18 世紀まで，幾何学のテキストというと，運動とか変換の概念が一切導入されず，形而上学的な色合いの強いものだったという。たとえば1820 年代に，ロバチェフスキが非ユークリッド幾何学を，大胆に物理的視点に立って導入しようとしたとき，保守的な幾何学者から受けた反対は，単に新しい幾何学に対する拒否反応というだけでなく，この新しい視点に対しても向けられたのだとのことである。なお，ロバチェフスキに，このような幾何学の物理的な視点――唯物的な視点といってよいのかもしれないが――を示し，彼の考えに影響を与えたのは，ディドロとダランベールより編纂された有名な『エンサイクロペディア』の中にあるダランベールによる‘幾何’の記述であったという。ダランベールはすぐれた啓蒙思想家であった。

さて，ヒルベルトの（特にここで述べないが）‘合同の公理’には，明らかに変換の考えが入っている。多分，ヒルベルトは公準4以前に，互いに移り合えるというような合同の概念を公理としておくことが自然であり，その系として，第4公準をおくべきだと考えたのだろう。確かにそのような観点で見ると，第4公準は，何か‘ひとり言’をいっているような姿をしている。しかし，ユークリッドは，単に運動の概念を表立って述べないためにこのようないい方をしたのだろうか，あるいは，平面の中にじっと静止しているいくつかの直角を凝視して，これらが等しいことは公準として，そのまま採用せざるを得ないと考えたのだろうか。私たちのように，力学的世界観になれ親しんでしまうと，ギリシャ的な静的な世界観に溯ることは難しいものになってしまったと，改めて感ずるのである。

いよいよ第5公準に入ろう。

第5公準は，図10で示すように，$\alpha+\beta$ が2直角より小さいときには，2直線は必ず交わることを要請している。しかし，この公準は，平行線の存在については何も触れていない。実際，『原論』を辿ってみると，平行線の存在は，第5公準を用いることなく，次のようにして示されている。

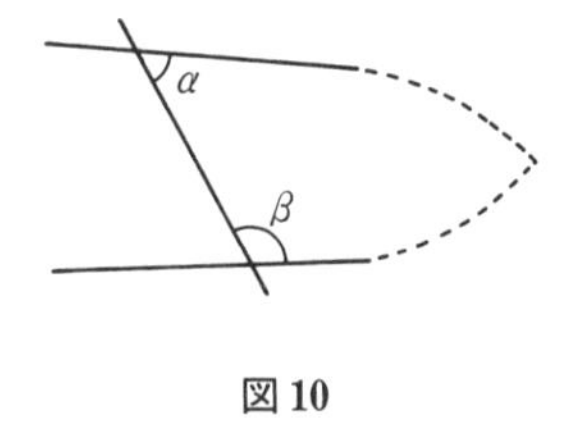

図10

まず，命題16で「三角形の外角は内対角より大きい」，すなわち図11で

$$\angle A < \angle ACD$$

を第5公準を用いないで証明する。

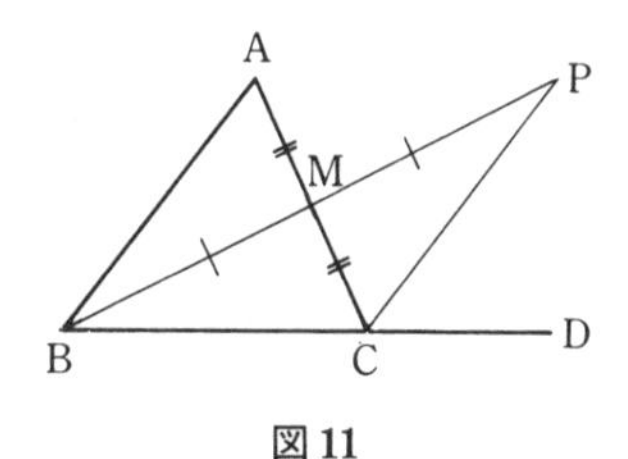

図11

【証明】 ACの中点をMとし，BMを2倍に延長して点Pを求める。二辺夾角の合同定理から

$$\triangle \mathrm{AMB} \equiv \triangle \mathrm{CMP}$$

ゆえに　　　$\angle \mathrm{A} = \angle \mathrm{ACP} < \angle \mathrm{ACD}.$　　　□

この命題を用いて，命題31で「与えられた点Pを通り，これを通らない直線ABに平行な直線を引くことができる」を示している。

【証明】 図12において，∠ABP＝∠BPQとなる直線PQを引くと，PQはABに平行な直線となる。なぜなら，もしPQがABと点Cで交わるとすると，命題16によって∠ABP＞∠BPQとなり，矛盾となるからである。　□

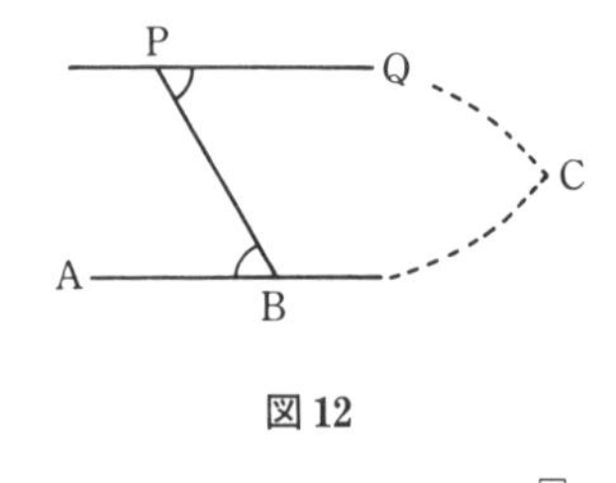

図12

この結果は，簡単に，点Pを通ってABと錯角が等しいような直線を引くと，これがPを通ってABに平行な直線となる，といってもよい。

第5公準は，実はこの逆，すなわち「平行な直線は錯角が等しい」ことを要請しているのである。実際第5公準は，（表現が少し違うが）錯角が等しくなければ平行でないことを述べている。

したがって，第5公準のように多少わかりにくい表現をとらなくとも，結論からいえば，「与えられた点を通り与えられた直線に平行な直線は1つあって1つに限る」を公準としてもよかったのである。

この平行線の公理から，三角形の内角の和が2直角となることが，どのように導かれたかを，第5公準との関係で，少していねい

に見ておこう。図13で，Cを通ってABに平行な直線DEを引く。このような直線を引くには，上の‘命題31’で示したように，∠A＝∠ACDとなるCを通る直線を引くとよい。ここには第5公準は用いていない。

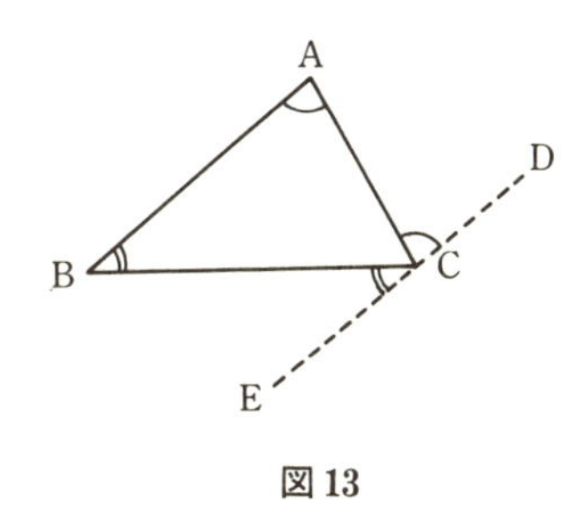

図13

しかし，第5公準がないと，このとき∠Bと∠BCEが等しいかどうかがわからないのである。第5公準を認めると，AB∥DEから

$$\angle B = \angle BCE$$

が結論できて，三角形ABCの内角はすべてCのまわりに集められることになって，内角の和は2直角となることが示される。

この証明を見てもわかるように，三角形の内角の和が2直角であるという性質は，第5公準に密着しているのである。

第5公準の述べ方が，『原論』の中できわ立ってぎこちなく不自然に見えるので，もっと直観的に明らかなほかの形におきかえようとする試みは，古代から18世紀まで続いたのである。このような試みの中にあって見出された，次の第5公準と同値な命題は，これならば直観的に明らかなものではないか，と考えた数学者もいたという，その命題とは

（＊）角の内部にあるすべての点を通って，角の両辺に交わる直線を引くことができる

である（図14)。実際，この形ならば，ユークリッドが『原論』の

中で暗に仮定していたいくつかのことと，（＊）は同じくらい自明のことを述べているようにみえて，こんな当り前のことを公準として挙げなくともよいようにみえてくる。

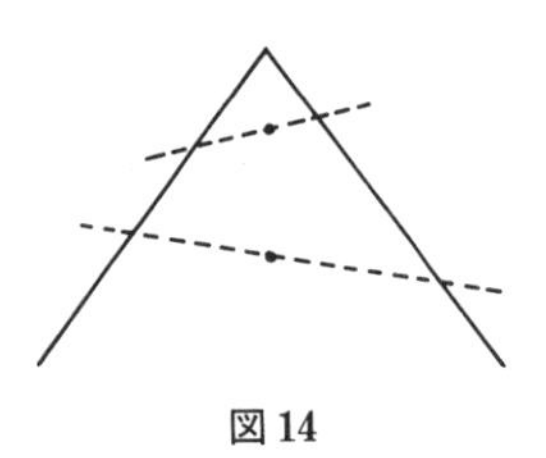
図 14

しかし，19 世紀になってロバチェフスキとボリヤイが明らかにしたことによると，第 5 公準は成り立たないが——したがってまた上のいかにも当り前そうな命題（＊）は成り立たないが——，ユークリッドが『原論』で仮定した，ほかのすべてのことが成り立つ幾何学——非ユークリッド幾何学!!——が存在したのである。

この非ユークリッド幾何学の誕生の過程で，数学史上，名前の挙がる，もう一時代前の二人の数学者がいる。それはサッケリー（G. Saccheri（1667—1773））と，ランベルト（J. H. Lambert（1728—1777））である。

この二人の数学者は，独立に似たようなことを考え，ともに‘非ユークリッド幾何’の山に深く分け入ったのであるが，二人とも自分たちの歩んでいる道が，自然に‘非ユークリッド幾何’の山頂へと達しているということに気がつかないまま——あるいは確信がもてないまま——途中で立ち止ってしまった。彼らが生きていた時代は，なおユークリッド幾何を，‘天与の幾何’として認めていた時代であった。

サッケリーは，図 15(a)のような図形を考え，ランベルトは(b)のような図形を考えることから出発した。ここで AD，BC は長さの等しい線分である。まずサッケリーは，第 5 公準は，(a)で $\angle C = \angle D =$ 直角 であることと同値であることを見出し，ランベル

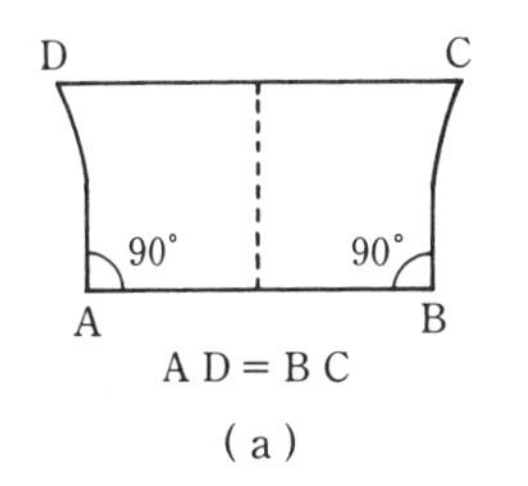

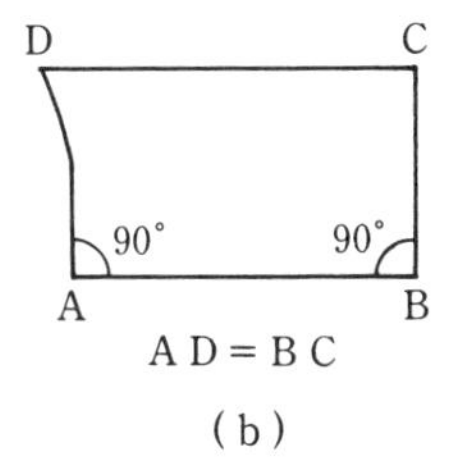

図 15

トは(b)で ∠D＝直角 と同値であることを見出した。(a)を点線で書いてある中線 MN で切ってみると，(b)とそれを左右対称に移した図が得られるから，二人は実は本質的には同じことを考え，同じ結論を得たといってよいのである。

それからも二人は，同じような考察の道を進んでいった。どちらも同じだから(b)の方の図で説明することにする。まず最初に得た結論は

（i） ∠Dが直角⟺第5公準

であった。次に彼らは

（ii） ∠Dが鈍角

（iii） ∠Dが鋭角

と仮定してみると，どのようなことがおきるかを考えはじめた。

（ii）を仮定したとき：サッケリーは，このときには，幾何学の基本的公準2――直線はどこまでも延ばせる――も成り立たなくなることを知って，すぐに考察から除外してしまった。しかし，ランベルトの方は，'球面幾何' では，この状況が成り立っているではないかと考えた。球面上の2点を結ぶ直線は，2点を結ぶ最短距離を与える直線――大圏コース――であるとしておくと，図15(a)に相当する図は，図16のように，球面上では成立しているのである。

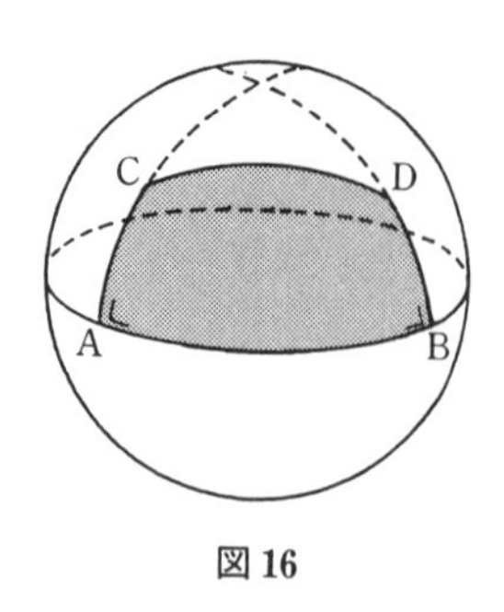

図 16

球面三角法は，すでに1世紀から2世紀頃までには，天文学上の必要から，アレクサンドリアのメネラウスやプトレマイオスによって知られていた。ランベルトは(ii)を仮定したとき，球面幾何学で知られていたものと同じ結果，たとえば三角形ABCにおいて，∠A＋∠B＋∠Cはπ（＝180°）より大きく，∠A＋∠B＋∠C－πは，三角形ABCの面積に比例する，などが論理的に導かれることも見出していた。

もちろん，球面幾何では，任意の2点を結ぶ直線といっても，東京，ニューヨーク間を東回りにするか，西回りにするか2通りあり，直線もすべて一周すればもとに戻るのだから，第5公準どころか，第1公準も第2公準も成り立たなくなる。だから，第5公準だけを問題とするときには，サッケリーのように，はじめから除外するという立場も当然だったのである。

(iii)を仮定したとき：このときには，いろいろの性質を調べてみても，第5公準以外のユークリッド幾何の公準に触れるものは何も見つからなかった。そのため，サッケリーもランベルトも，誘いこまれるように，奥へ奥へと道を進んでいったのである。その過程で得られた多くの幾何学的性質は，前にも述べたように，非ユークリッド幾何学の定理として述べられるべきものであった。

サッケリーの方は，このような性質の1つとして

（＊＊） 平面上にある2直線は，交わるか，あるいは共通の垂線があって，この両側に2直線は際限なく離

れていくか，あるいは，2直線を横切る線分の一方の側に向かっては2直線は際限なく離れていくが，もう一方の側に向かっては2直線は際限なく近づいていく（正確には，無限遠のところで接する）

という性質（一読しただけではわかり難い。すぐあとでもう一度説明する）を導いて，このような性質は直線の性質としては認めがたいと考えた。そして，(iii) の仮定を受け入れることを拒否してしまった。しかしサッケリーは，(ii) の仮定を否定することは，「神の日の光のように明瞭なことである」が，(iii) の仮定を否定することは，それほどはっきりとした確信はもてないように思える，と述べているそうである。

ランベルトの方はさらに考察を進めて，(iii) を仮定すると，球面幾何とは対照的に，三角形 ABC に対して，$\angle A+\angle B+\angle C$ は π より小さく，$\pi-(\angle A+\angle B+\angle C)$ は三角形 ABC の面積に比例するという事実を示した。そしてランベルトはこの鋭角仮定 (iii) に対して，予言的なことを述べている.「私は，この第三の仮定がある虚な球面上で成り立つものであるということを，ほとんど確信するに至った。」このランベルトの予言が正しかったことは，次の世紀，19世紀に至って判明したのである。

最後に現在の観点からみて，仮定 (iii) をみたす幾何のモデル——非ユークリッド幾何のモデル——としてどのようなものがあるか，その例を1つだけ述べておこう。

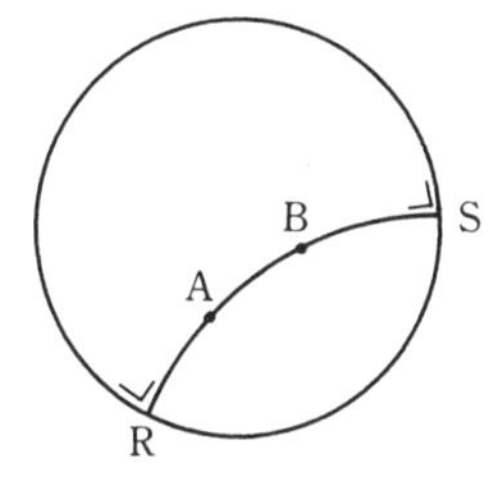

図 17

いま平面上に1つの円kを描き，この円の内部だけ（周は含まない）を，これから幾何学をつくる世界としよう。図17で示したように，この円内の2点A，Bに対して，A，Bを通る直線とは，A，Bを通る円弧で円周kに直交するものとして定義する。またA，Bの距離sとしては，

$$s=\left|\log\frac{\mathrm{AR}\cdot\mathrm{RS}}{\mathrm{BR}\cdot\mathrm{AS}}\right|$$

を採用する。図17で，BをとめてAをRに近づけると，AR→0となるから，$s\to\infty$となる。同様にAをとめてBをSに近づけると$s\to\infty$となる。このことから，この幾何学では，円周は‘無限の彼方’にあるようになっていて，2点A，Bを通る直線は1つで，それは両方の方向に，限りなく延長できることになっている。

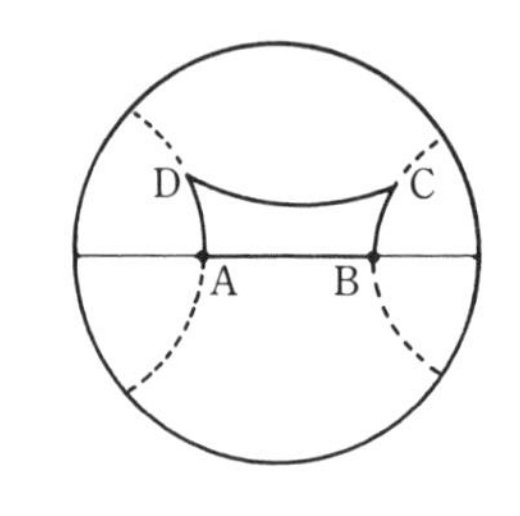

図18

この幾何学では，鋭角の仮定

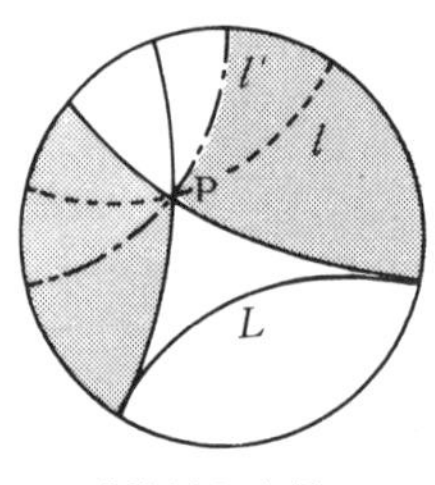

l, l'はPを通ってLに平行な直線

(a)

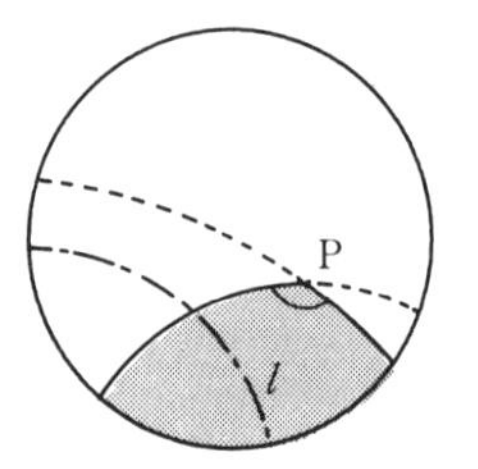

直線lは頂点Pの角領域の一辺にしか交わらない

(b)

図19

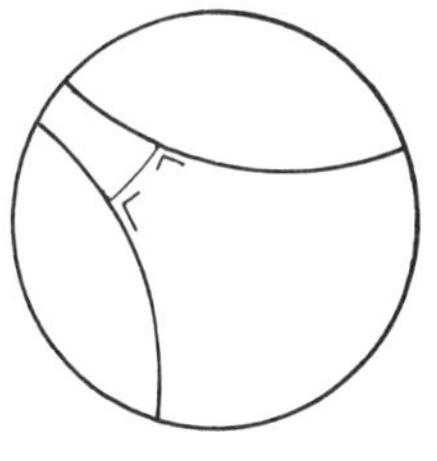

垂線の両側に２直線が離れていく

（a）

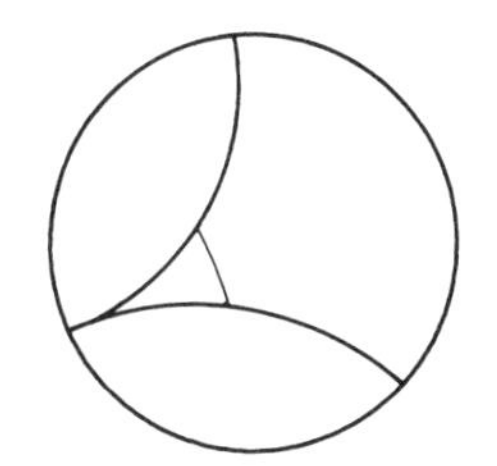

横断線の片側で２直線は離れ，反対側では近づく

（b）

図20

(iii) が成り立つことは，図18を見てみるとわかる。このとき，見易いように２点A，Bは直径上にとったが，そうすると，直径そのものがA，Bを結ぶ直線となる。

図19の (a) では，第５公準が成り立たないことを示しておいた。直線Lを通らない点Pを通って，Lに平行な直線が無限に多くあるのである。すなわちカゲをつけた部分を通るl，l'のような直線はすべてLに平行な直線となっている。

図19の (b) では，古代の人がもっともと思っていた命題（*）が，この幾何学では一般には成り立たないことを例示しておいた。

図20の (a)，(b) では，サッケリーが，このような性質は，直線の性質として認め難いといった性質（**）が，この幾何学では成り立つことを示しておいた。サッケリーが鋭角の仮定 (iii) から，実際，このようなことが起きる可能性があるということを，論証だけで導いたということは，やはり驚くべきことである。

一日の旅を終えて

旅は無涯先生と太郎君の二人づれである。
一日の旅が終って二人の間に対話がはじまる。

対　話

太郎君　幾何にもいろいろな見方があることを知りました。非ユークリッド幾何のモデルをじっと見ていましたが，円弧——非ユークリッド的直線——を伝って円周へ近づくことが，無限の彼方へ飛んでいくことだということは，想像はできるとしても，実感として捉えにくいことですね。

無涯先生　そうかもしれない。以前どこかで読んだ本の中に，円周の方へ近づいていくと温度がどんどん低くなって，すべてのものが収縮し，長さのスケールも歩幅も無限に小さくなっていって，いつまでたっても円周に近づかないような世界を想像してみるとよい，と書いてあった。しかし，このたとえにも無理なところがあるように思う。

太郎君　僕は，幾何学というのは，この現実の世界のさまざまな図形の性質を調べる学問だと思っていました。非ユークリッド幾何は，やはり現実の世界像のあるものを映し出しているのですか。

無涯先生　いろいろな考えがあると思うが，私は現実の世界像を映しているのは，やはりユークリッド幾何であると思っている。非ユークリッド幾何は，ユークリッド幾何の第5公準の割れ目から，論証の力によって生まれてきたが，もし第5公準がもっと当り前の形，たとえば（*）のような形で書かれていたら，私たちは現実の世界像だけを直視して，そこからロバチェフスキ，ボリヤイの非ユークリッド幾何を生むことができたかどうか，と疑わしく思う。数学全体の流れの中で見れば，非ユークリッド幾何学は，結局は射影幾何学とよばれているもっと大きな理論体系の中に包括されてきたし，またリーマン幾何学の立場では，定曲率空間の理論の中に融けこんでいる。この現代の数学の視点まで到達すれば，少なくとも，ロバチェフスキ，ボリヤイの幾何学だけが，ユークリッド幾何に対比されるような，何かある新しい世界像を期待させるような幾何学であるという，かなり広く行きわたった誤解は生じなかったと思われる。もっとも，物理学では，相対性理論によって，時空は，4次元の非ユークリッド的空間であるとして定式化されたが，もちろんこのことによって，私たちが眼の前にある図形を見る視点が変わったわけではない。定規で引いた2本の平行線は，どこまでいっても決して交わらないという姿を今も厳然と保っている。

太郎君　球面三角法がもう2世紀には知られていて，天文学にも広く応用されていたというのに，どうして球面上では第5公準が成り立たないということを，だれも指摘しなかったのでしょう。

無涯先生　多分，球面を3次元空間の一部分といつも見ていたからだろう。もちろん，球面上の2点を結ぶ直線を，この2点を通る大円の弧とすれば，それで幾何学はでき，実際，球面三角法は，そのような幾何学における三角形の性質を調べている。しかし，幾何学の背景に広がる平面や空間は，限りなく広いものであり，直線はどこまでも際限なく延びるものであるという観点が支配的であるときには，有限で閉じた球面それ自身が1つの幾何の対象となる世界をつくっているという考えは，思いもつかなかったのだろう。

球面でも，楕円面でも，ドーナツ面でも，それ自身それぞれ独立に，1つの幾何学的な世界をつくっているということを，明確にしたのは，天才的な数学者リーマンによるが，それは19世紀も半ばになってからのことである。球面の上では，単に第5公準だけではなくて，第2公準も，第3公準も成り立たないが，球面の幾何を，リーマンの非ユークリッド幾何，または楕円的非ユークリッド幾何ということがある。

太郎君　ところで旅行から帰ったら，'非ユークリッド幾何' の本を見てみたいと思いますが，どんな本がありますか。

無涯先生　最近では，大学でも19世紀以前の幾何学を教える機会が少なくなってきた。それに応じて，本屋さんの棚からも，しだいに幾何学の本が減ってきたようである。今では非ユークリッド幾何を題名とした本を見つけるのは，非常に難しいと思う。しかし，射影幾何のテキストは書棚にあるかもしれない。最近では射影幾何の一章として，非ユークリッド幾何のことを書くのが，ふつうのことになったから，射影幾何を勉強し，その広い視野の中で非ユークリッド幾何を学ぶということが，標準的なコースになったようである。

2日目

歩く——数

大江山生野の道の遠ければ
まだふみもみず天の橋立
—— 小式部内侍

午　前

千里の旅も一歩からというから，数を創るときにも，1の次は2，2の次は3，3の次は4，4の次は5と，人間の文化の歴史の中でも気の遠くなるような長い長い旅を続けて，数の概念を創り上げてきたに違いない。しかし長い旅を続けて，100000まで辿りついたとしても，次の数はと聞かれれば，またもう一歩進めて，100001へと進まなければならない。この旅に終わりはないのである。しかし，いつの頃からか，旅に終わりはないが，

$$1,\ 2,\ 3,\ 4,\ 5,\ \cdots \qquad (1)$$

と表わすことによって，必要ならばこの系列の中にあるどんな大きな数でも取り出せるという‘確信’を私たちは得たようである。

高等学校や大学での数学の授業で，「どんな大きな自然数nをとっても」などといういい方を最初に聞いても，私たちはふつうは何の抵抗も感じないだろう。抵抗を感じないのは，系列(1)の表示の中に，すでに私たちに，‘無限’に向けてのある‘確信’を与えるようなものが隠されているからだろう。私たちが，数を単に指折り数えたり，あるいは古代ギリシャのように，数を線分で表わすという考えに固執していたら，私たちの中にある‘無限’の方向への意識を，このようなはっきりとした形で取り出すことは，難しかったかもしれない。

確かに，系列(1)のような表示の仕方が，‘無限’への方向を明示

するものとして，重要な役目を果してきたのだろうが，この見方に徹すると，今度は逆に，「数はすべて記数法によって，具体的に表わされ，ものの個数を表わしている」という考えが弱まってくるようである。実際，(1) の右の方に…で書かれている部分にある果しない数は，ものの個数を示すために並んでいるようには見えないし，また私たちがどのようにしても表現しきれないような，大きな，途方もなく大きな数がはるか彼方にたくさんひそんでいるに違いないからである。‘無限’ という意識を (1) の中から明確に浮かび上がらせてくると，今度は，数はものの個数を表示するためにあるという考えを，少し後に下げなくてはいけなくなってくるだろう。それと入れかわるように，数は，数相互の間にある働きがあって，その働きが系列 (1) の全体の連関性を保っているという考えが出てくるだろう。数が抽象性を帯びて，より広い世界へ動きはじめるのである。

系列 (1) の中に見出された最初の機能性は「2 つの数は，つねに加えることができる」ということである。

私たちは，数を繰り返し，繰り返し加えていくことによって，いくらでも大きな数をつくっていくことができる。実際，系列 (1) は，1 から出発して，次々に 1 を加えるという演算を繰り返していくことにより，どこまでも生成されていく。(1) は，このようにして数が生成される ‘道’ を示しているともいえる。

今まではっきりとは述べなかったが，系列 (1) は，数学の用語では自然数の集まり $\boldsymbol{N}$ を表わしている。なお，この系列 (1) を，1 つのまとまったもの——集合——として捉えるときは

$$\boldsymbol{N} = \{1, 2, 3, \cdots, n, \cdots\}$$

のように書くのがふつうである。

自然数の集合 $\boldsymbol{N}$ は，1から出発して，順次1を加えて次の数を得ることができる，という性質で生成されているならば，これを公理として，自然数を完全に規定することができるに違いない。そのように考えて，自然数の公理体系を導入したのは，前世紀末，イタリアの数学者ペアノであった。説明はあとまわしにして，ペアノによる自然数の公理系を書くと，それは次の5つである。

1）　$1 \in \boldsymbol{N}$

2）　$x \in \boldsymbol{N} \Rightarrow x' \in \boldsymbol{N}$

3）　$x' \in \boldsymbol{N} \Rightarrow x' \neq 1$

4）　$x' = y' \Rightarrow x = y$

5）　$\boldsymbol{N}$の部分集合Mがあって

$1 \in M$；$x \in M \Rightarrow x' \in M$

という性質をもてば，$M = \boldsymbol{N}$.

説明に入ろう。公理系だから，ここで書いた $\boldsymbol{N}$ は，1つの抽象的なものの集まりである。1）は，この中に，1という元が含まれることを要請している。2）は x という元がふくまれていれば，x' という元もかならずふくまれていることを要請している。x'を‘xの次の元’と読むことにすると，3）と4）が何を要請しているかは明らかだろう。たとえば4）は，x と y の次の元が等しければ，x と y はもともと等しい元であるということをいっている。5)は，数学的帰納法の原理を公理として採用したものだが，これをおかないと，1），2），3），4）だけでは，自然数以外の集合も含まれてくるのである。実際，系列（1）を先の方につなげた

$$\{1, 2, 3, \cdots, 1, 2, 3, \cdots\}$$

$$\{1, 2, 3, \cdots, 1, 2, 3, \cdots, 1, 2, 3, \cdots\}$$

のような集合も，1), 2), 3), 4) はみたしている。5) は，1), 2), 3), 4) をみたす集合の中で，自然数の集合 $\boldsymbol{N}$ は，最小なものであるといっているのである。

ペアノの公理をみたす集合があれば，1から出発して，$1' = 2$, $2' = 3$, $3' = 4$, …と表わしていくと，系列 (1) と本質的には同じものが得られてくることは，明らかだろう。これは見なれた自然数の集合である。

自然数の集合 $\boldsymbol{N}$ は，この公理が示すように，1からはじまって，順次次から次へとつながっていく，飛び石のようなものだと思ってよい。この飛び石を1つ1つ渡っていけば自然数はしだいしだいに私たちの前に姿を現わしてくるだろう。

1 2 3 4 ……

図21

さて，このような話をもう少し続けていきたいのだが，そのためには，1の前に，飛び石の出発点となる石，0をおいた方がつごうがよい。したがってこれからは，系列 (1) の代わりに

$$0,\ 1,\ 2,\ 3,\ 4,\ 5,\ \cdots$$

を考えることにする。そこでいま，歩幅5の人がいて，0から出発して，5, 10, 15, …と飛び石を跳んでいったとする。この人は，213歩目には，何番目の飛び石に着くかを考えてみよう。そのためには，5を213回繰り返して加えた結果を求めればよいのだが，よく知っているように，数学はこのとき‘かけ算’という新しい演算を導入して

$$5\times 213 = 1065$$

として計算する。

このような仕方でかけ算を導入すると，$5\times 213 = 213\times 5$ なども証明する必要が生じてきて，結局ペアノの公理を用いて，たし算，かけ算を定義して，さらに数学的帰納法を用いながら，一歩，一歩，公式――可換則，結合則，分配則など――を証明する道を選んでしまうことになる。それは自然数論の1つのテーマであるが，ここではそのような所にまで立ち入るわけにいかないので，自然数の演算規則など，当り前のこととして進むことにする。

一般的にいえば，2つの自然数 a, b（$a\geqq b$）に対して

$$a = qb$$

という関係が成り立つのは，いまのたとえでは，0から出発して，b の歩幅で飛び石を跳んでいくと，ちょうど q 回目で a 番目の飛び石に到着するということである。このとき，a は b の倍数であるといい，b は a の約数であるという。

一般には，b の歩幅で跳んでいっても，ちょうど a に着くとは限らない。a を飛び越して進んでしまうことが多いだろう。

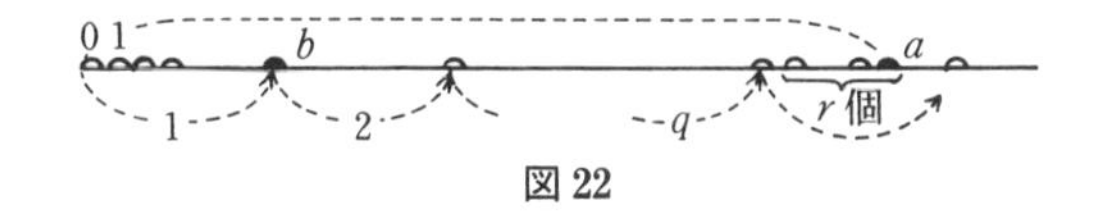

図22

図22のような状況では

$$a = qb+r \qquad (0\leqq r<b)$$

となる。r は a を b で割ったときの余りである。

今度は，次のようなことを考えてみよう。歩幅15で歩く人と，歩幅6で歩く人がいるとする。歩幅15で歩く人は

$$0,\ 15,\ 30,\ 45,\ 60,\ 75,\ \cdots \qquad (2)$$

と飛び石を跳んでいくだろうし，歩幅6で歩く人は

0，6，12，18，24，30，…　　　(3)

と飛び石を跳んでいくだろう。

いま，もう1人別のAさんがいて，Aさんは，一定の歩幅で0からはじめて同じように飛び石を跳んでいくとする。このとき，次の要求(i)，(ii)を同時にみたすようにするには，Aさんは，歩幅をどのようにとったらよいだろうか。

(i)　Aさんは，(2)と(3)に現われている飛び石をすべて踏んでいく。

(ii)　Aさんは，(i)の要求をみたすようなできるだけ大きい歩幅で歩きたい。

この答は，多分すぐにわかるだろう。Aさんは，歩幅3で歩いていくとよいのである(図23)。最大公約数という言葉を用いれば，(i)と(ii)をみたす歩幅を求めるということは，15と6の最大公約数を求めるということであり，それが3であるということがわかったのである。

図23

15と6のように，2つの数が小さいときには，最大公約数——すなわち15と6の共通の約数で（(i)の要請)，最大なもの（(ii)の要請）——は，大体見当がつく。しかしたとえば，最初の二人の歩幅が非常に大きくなって，23572と6225のようになってくると，この最大公約数を求めることは，もう推量しながら見つけていくというわけにはいかなくなってくる。

2つの数の最大公約数を求める方法は，ユークリッドの『原論』に載せられていて，ユークリッドの互除法として有名である。これを説明してみよう。

a, b を自然数とし，$a > b \geqq 1$ とする。a と b の最大公約数を m とする。したがって m は a, b の共通の約数の中で最大なものである。

まず，b の歩幅で a に近づいていく。もしこの歩幅で，飛び石 a を踏むならば，すなわち，a が b で割りきれるならば，b が，a と b の最大公約数になる：$m = b$.

そうでないときには図22の状況が起きている：

$$a = qb + r_1 \qquad (0 < r_1 < b) \qquad (4)$$

（余りを r_1 とおいた）。このときには，この余りの r_1 の歩幅で，b を測ってみたらと思うだろう。もし

$$b = q_1 r_1 \qquad (5)$$

となるならば，図24を見るとわかるように，r_1 の歩幅で歩き出せば，b の飛び石を踏み，したがってまた b の間隔で並んでいる飛び石も，a の所にある飛び石も踏んでいくだろう。したがって，このとき r_1 は a と b の最大公約数である：$m = r_1$.

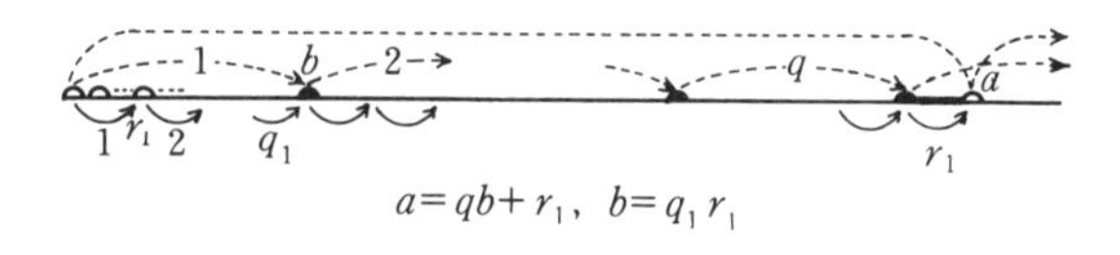

図24

もし，(5)が成り立たなければ，

$$b = q_1 r_1 + r_2 \qquad (0 < r_2 < r_1)$$

となる。これは(4)と同じような式の形をしている。そのことから，

今度は r_2 の歩幅で r_1 を測ってみようとすることは，ごく自然な考えになる。もし

$$r_1 = q_2 r_2 \qquad (6)$$

となれば，r_2 の歩幅で歩き出せば，r_1 の間隔におかれている飛び石をすべて踏んでいくことになり，したがってまた b の飛び石も，a の飛び石も踏んでいく。このことは，r_2 は a と b に共通な約数であることを示している。さらにつくり方から，r_2 は a と b の最大公約数となることもわかる：$m = r_2$.

(6)が成り立たなければ

$$r_1 = q_2 r_2 + r_3 \qquad (0 < r_3 < r_2)$$

となる。今度は r_3 の歩幅で，r_2 を測ってみることになるだろう。

このようなことをどんどん繰り返していく。そのとき，でてくる余りはどんどん小さくなって $b > r_1 > r_2 > \cdots$ ($\geqq 1$) のようになるから，この操作はいつか，たとえば n 回目には終わりとなる。すなわち

$$a = qb + r_1$$
$$b = q_1 r_1 + r_2$$
$$r_1 = q_2 r_2 + r_3$$
$$\cdots$$
$$r_{n-1} = q_n r_n$$

となる。

このとき，今まで述べてきたことから明らかなように

r_n は a と b の最大公約数となっている：$m = r_n$.

このようにして，a と b の最大公約数を求める方法を，ユークリッドの互除法というのである。実際この互除法を適用して，前に

例として挙げた2つの数23572と6225の最大公約数を求めてみよう。

$$23572 = 3\times6225+4897$$
$$6225 = 1\times4897+1328$$
$$4897 = 3\times1328+913$$
$$1328 = 1\times913+415$$
$$913 = 2\times415+83$$
$$415 = 5\times83$$

したがって，23572と6225の最大公約数は，83である。

素数の話を少ししておこう。1より大きい自然数で，自分自身と1以外には約数をもたない数を素数という。

1から100までの間にある素数は次の25個である。

2，3，5，7，11，13，17，19，23，29，31，37，41，43，
47，53，59，61，67，71，73，79，83，89，97

素数は，それ以上割りきれないという意味で，物質の元素のような役目をしている。そしてまた

> 任意の自然数は素数の積として，ただ一通りに表わすことができる。

このことも，任意の物質の組成が元素の合成として表わされることにたとえられる。たとえば

$$42 = 2\times3\times7,\qquad 1323 = 3^3\times7^2,\qquad 29095 = 5\times11\times23^2$$

このような例で見ると，任意の自然数は素数の積として一意的に分解されることは，明らかなようであるが，このこと——素因数分解

の一意性――を，一般的に厳密に証明しようとすると，割合手間がかかるのである。

さて，自然数の系列 (1) をずっと先まで見ていったときに，素数はどこまでも現われてくるものだろうか，それとも素数は有限個しかなくて，ある所から先の自然数は，全部，これら有限個の素数を，何回かかけ合わせて得られているのだろうか。

実は，素数は無限個ある。したがって後者のようなことは起きていない。この事実は，ユークリッドの『原論』で証明されているが，この証明は背理法による証明として有名である。ユークリッドは次のように議論を進めていく。

素数は無限に存在する。

いま，かりに素数は有限個しかなかったとしてみよう。そうすると素数の全体は k 個で，それらは

$$2,\ 3,\ 5,\ \cdots,\ p_k$$

であるとしてよい。そこで自然数

$$a=2\times3\times5\times\cdots\times p_k+1$$

を考えてみる。a は，2 で割っても，3 で割っても，…，p_k で割っても 1 余る数である。したがってこの数 a は，どんな素数でも割れないことになる。これは矛盾である。したがって，素数は無限になくてはならない。これがユークリッドの結論である。

この証明は，いかにも簡潔な，線の太い証明であって，この証明を見ている限り，素数が無限にあることを，別の方法で証明してみようなどという気は起きなくなってくる。

ところが 18 世紀の最大の数学者オイラーは，素数が無限にあることを，全く別の方向から証明したのである。オイラーは調和級数

が発散するという事実：

$$1+\frac{1}{2}+\frac{1}{3}+\frac{1}{4}+\cdots+\frac{1}{n}+\cdots=\infty \qquad (7)$$

から出発した。

(7)の証明

$$\frac{1}{3}+\frac{1}{4}>\frac{1}{4}+\frac{1}{4}=\frac{2}{4}=\frac{1}{2}$$

$$\frac{1}{5}+\frac{1}{6}+\frac{1}{7}+\frac{1}{8}>\frac{1}{8}+\frac{1}{8}+\frac{1}{8}+\frac{1}{8}=\frac{4}{8}=\frac{1}{2}$$

$$\frac{1}{9}+\frac{1}{10}+\cdots+\frac{1}{16}>\frac{8}{16}=\frac{1}{2}$$

……

ここで左辺において $\frac{1}{4}=\frac{1}{2^2}$, $\frac{1}{8}=\frac{1}{2^3}$, $\frac{1}{16}=\frac{1}{2^4}$, … に注意すると，したがって一般に

$$1+\frac{1}{2}+\frac{1}{3}+\cdots+\frac{1}{2^n}>1+\overbrace{\frac{1}{2}+\frac{1}{2}+\cdots+\frac{1}{2}}^{n}=1+\frac{n}{2}$$

が成り立つことがわかる。ここで$n\to\infty$とすると，(7) が示されたことになる。

任意の自然数 n は，素数の積として一意的に表わされている。この逆数 $\frac{1}{n}$ をとって，加え合わせていくと，(7) が示すように，この和はしだいにいくらでも大きくなっていくということは，素数——元素！——の個数に対しても，何か1つの重要な事実を教えているのではないだろうか？　この事実とは，とりも直さず「素数が無限に存在する」ということであるというのが，オイラーの洞察であった。

オイラーは次のように推論していった。

等比級数の和の公式から

$$\frac{1}{1-\frac{1}{2}} = 1+\frac{1}{2}+\frac{1}{2^2}+\cdots+\frac{1}{2^n}+\cdots \qquad (8)$$

この右辺を(7)と見くらべてみると，(7)の式の中で，nがちょうど2のべきとなっているものだけが拾い出されている。

同じように

$$\frac{1}{1-\frac{1}{3}} = 1+\frac{1}{3}+\frac{1}{3^2}+\cdots+\frac{1}{3^n}+\cdots \qquad (9)$$

の右辺は，ちょうど(7)の中で，nが3のべきとなっているものだけが拾い出されている。

念のため，(8)と(9)を辺々かけてみると

$$\begin{aligned}\frac{1}{1-\frac{1}{2}}\cdot\frac{1}{1-\frac{1}{3}} &= \left(1+\frac{1}{2}+\frac{1}{2^2}+\cdots+\frac{1}{2^n}+\cdots\right)\\ &\quad\times\left(1+\frac{1}{3}+\frac{1}{3^2}+\cdots+\frac{1}{3^n}+\cdots\right)\\ &= \left(1+\frac{1}{3}+\frac{1}{3^2}+\cdots\right)+\frac{1}{2}\left(1+\frac{1}{3}+\frac{1}{3^2}+\cdots\right)\\ &\quad+\frac{1}{2^2}\left(1+\frac{1}{3}+\frac{1}{3^2}+\cdots\right)+\cdots\\ &= \left(\frac{1}{2^a3^b}\text{の形の数をすべて加えたもの}\right)\end{aligned}$$

となる。

最後の言葉で書いた部分は，

$$\sum_{a,b=0}^{\infty}\frac{1}{2^a3^b}$$

と表わした方が数学らしい。

すなわち，(8) と (9) をかけ合わすと，(7) の中で，n が 2 のべきと，3 のべきだけで表わせるものだけが拾い出されてくる。

同じように考えると，

$$\frac{1}{1-\frac{1}{2}}\cdot\frac{1}{1-\frac{1}{3}}\cdot\frac{1}{1-\frac{1}{5}}$$

は，(7) の中で，n が $2^a3^b5^c$ $(a, b, c=0,\ 1,\ 2,\ \cdots)$ と表わされるものだけを拾い出したものになっていることがわかるだろう。

さてそこで，ユークリッドが仮定したように，オイラーもまた，素数は有限個しかなく，それは

$$2,\ 3,\ 5,\ \cdots,\ p_k$$

で与えられるとした。

そうすると，(7) の式に現わされている任意の自然数 n は，ただ一通りに

$$n=2^{a_1}3^{a_2}5^{a_3}\cdots {p_k}^{a_k} \qquad (a_1, a_2, \cdots, a_k=0, 1, 2, \cdots)$$

と表わされているはずである。したがって，上の考察から

$$\frac{1}{1-\frac{1}{2}}\cdot\frac{1}{1-\frac{1}{3}}\cdot\frac{1}{1-\frac{1}{5}}\cdot\cdots\cdot\frac{1}{1-\frac{1}{p_k}}=1+\frac{1}{2}+\frac{1}{3}+\cdots+\frac{1}{n}+\cdots$$

という式が成り立つことが容易に推論されるだろう。ところが左辺は，明らかに有限な値をとっているから，これは (7) に反する。

これによって，オイラーもまた，ユークリッドと同じ結論「素数が有限と仮定すると矛盾を生ずる」を示したのである。

一 休 み

一休みしましょう。素数のことについて，もう少し話を続けてみます。

自然数の系列 (1) の中から，素数だけを拾い出していくには，古代ギリシャからエラステネスの篩(ふるい)という方法が知られています。これは次のような方法です。まず 1 は素数とはしていませんでしたから，はじめから除外します。まず 2 を拾います。それと同時に，2 以外の 2 の倍数を、篩にかけて，すべて捨ててしまいます。次に 3 を拾います。それと同時に，3 以外の 3 の倍数をすべて捨てます。次には，5 を拾って，同時に 5 以外の 5 の倍数をすべてを捨てます。順次このように進んで行って，いつでも残った最初の数は拾うことにして，同時にこの数のあとにある倍数はすべて捨ててしまいます。このようにして残ったものが，素数の系列となります。これをエラステネスの篩というのです。

100 までの素数の系列は，すでに前に書きました。100 までに登場する素数の個数は 25 個でした。これを

$$\pi(100) = 25$$

と表わします。エラステネスの篩を用いて，1000 以下の素数がどれくらいあるかを調べてみると，168 個あることがわかります。これを

$$\pi(1000) = 168$$

と表わします。一般に，自然数 x に対して，$p \leqq x$ をみたす素数の個数を $\pi(x)$ で表わします。$\pi(10000) = 1229$，$\pi(100000) = 9592$ であることが知られています。

自然数の系列の中に，素数がどのように散在して並んでいるのかということは，古来から現在に至るまで，2000 年以上もの間，数学者のいきいきとした興味を誘ってきました。

自然数を，整然と刈りこまれて一直線につづく芝生の道とすると，素数は，この芝に混じって，不規則にところどころに生えている雑草のようなものです。たとえば，10000000（千万）の前後 100 の間に，この雑草——素数——がどんなに生えているかを調べると，次のようになっています。

手前の方：9999900 から 10000000 の間の素数は以下の 9 個

9999901，9999907，9999929，9999931，9999937，9999943，
9999971，9999973，9999991

あとの方：10000000 から 10000100 の間の素数は以下の 2 個

10000019，10000079

このように，一本，一本雑草を抜くように素数を見ていくと，素数はまったく不規則に並んでいるようにしか見えません。

ところが，不思議なことなのですが，たとえていえば，ヘリコプターに乗って，この芝生の道を俯瞰してみると，雑草——素数——はある規則性をもって並んでいると見えてくるのです。私は，いま手もとに，ザギエルという数学者の著した大変興味あるエッセイ

「最初の五千万の素数」(数学セミナー，1985年8月号）を参照して書いているのですが，ここに載せられている最初の図2つを，引用してみましょう。

図25は，1から100までxが自然数を動くときの素数の個数の変化を$\pi(x)$のグラフで表わしたものです。階段の高さが一定していないのは，素数の分布の不規則性を示しています。一方，図26は，1から50000までの素数の分布を，同じように$\pi(x)$のグラフとして表わしたものです。ここでは，階段状に現われる不規則性は消えてしまって，$\pi(x)$は，連続関数のグラフを表わしているように見えてきています。

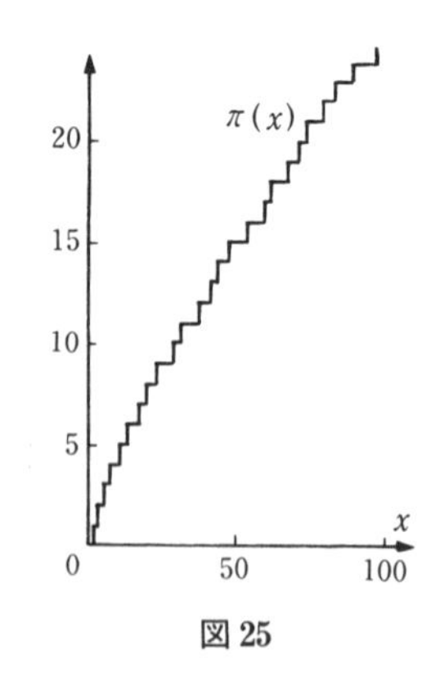

図25

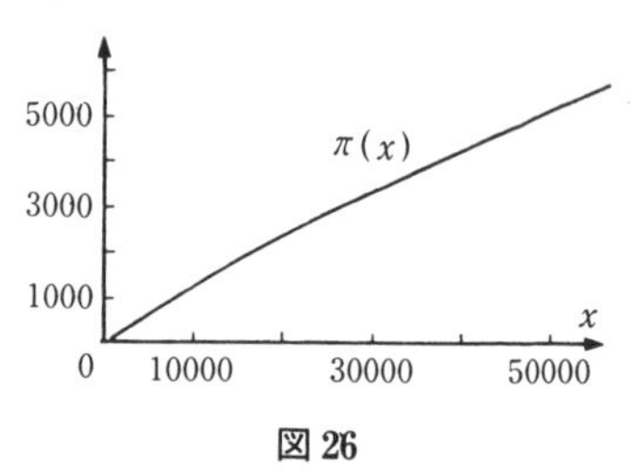

図26

ヘリコプターで俯瞰するように，視野をどんどん広げて，同時に細かい起伏など無視する見方を，数学では，漸近的に成り立つというい方をすることがありますが，図26は明らかに，$\pi(x)$は漸近的にある連続関数を表わしているということを示唆しています。漸近的に見れば，素数の分布に規則性があるのです！

ガウスは，素数分布の中に隠されているこの規則性に気づき，さらに

$$\pi(x) \sim \frac{x}{\log x}$$

と予想しました。記号～は漸近的に成り立つということで，正確に

書けば

$$\lim_{x\to\infty}\frac{\pi(x)}{\dfrac{x}{\log x}}=1$$

です。この予想は，アダマールと，ド・ラ・バレ・プッサンという数学者によって，1896年に独立に証明されました。

このような素数分布の研究の核心にあるのが，リーマンのζ-関数（ゼータ関数）とよばれるものです。これについて少しだけ触れておきましょう。

$$\frac{1}{1}+\frac{1}{2}+\frac{1}{3}+\cdots+\frac{1}{n}+\cdots \qquad (*)$$

は発散しますが，

$$\frac{1}{1^2}+\frac{1}{2^2}+\frac{1}{3^2}+\cdots+\frac{1}{n^2}+\cdots \qquad (**)$$

は収束して，$\dfrac{\pi^2}{6}$となることが知られています。午前の話の終りのところでは，（*）を用いて，背理法によって素数の無限性を証明しました。（**）は収束しますから，そのときの話を参照すると，今度は等式

$$\prod\frac{1}{1-\dfrac{1}{p^2}}=\frac{1}{1^2}+\frac{1}{2^2}+\cdots+\frac{1}{n^2}+\cdots$$

が成り立つことが予想されるでしょう。ここで左辺の記号$\prod$は，すべての素数にわたってかけ合わすことを意味しています。実際，この等式は成り立ちます。同じように

$$\prod \frac{1}{1-\frac{1}{p^3}} = \frac{1}{1^3}+\frac{1}{2^3}+\cdots+\frac{1}{n^3}+\cdots$$

も成り立ちます（実はこの値がどんなものかはまだよくわかっていません。10年ほど前，無理数であるということだけがやっと証明されました。）

リーマンは，この左辺と右辺に注目して

$$\zeta(s) = \frac{1}{1^s}+\frac{1}{2^s}+\frac{1}{3^s}+\cdots+\frac{1}{n^s}+\cdots$$

という関数——ゼータ関数——が，素数の分布について，いろいろな情報を提出してくれるに違いないと考えたのです。オイラーは，$s=1$ の場合を考察して素数の無限性を示したのですが，リーマンははるかに一般にして s を複素数の変数にまで広げて考察したのです。この1859年に発表されたリーマンの論文は，わずか8頁ですが，数学史の中でももっとも深い予言的な内容をもつ論文の1つに数えられています。

午　後

リーマンがゼータ関数を導入した，1859年の有名な論文「ある大きさ以下の素数の個数について」は，題名がなければ，一見したところ，これは間違いなく解析学の論文だと思ってしまうだろう。論文の中では，指数関数や対数関数や三角関数などの入った複雑な式が積分記号の中に登場していて，それらが解析的な計算を行なうことによって，素数に関する結果を示す式へと，しだいに導かれていく。解析的な方法がいかに強力なものかを，改めて感ずるのである。

解析学を支えている世界は，自然数のように，一歩，一歩進む離散的な世界とは打って変わって，連続的な世界である。私たちの眼の前に展開している多くの自然現象は，時の流れとともに連続的に変わって行く姿を示している。私たちの午後の旅は，この連続的な姿を，数学の中で表現する数の体系――実数――へと向けて進んで行くことにしよう。

実数とは何か，と改めて聞かれてとまどう人でも，実数とは数直線上に表わされている数のことだといえば，すぐに納得してもらえるだろう。それほど数直線という考えは，ごく自然なものとして受けいれられている。そこで，数直線の方に主題をおきながら話を進めていくことにしよう。

数直線とは，直線上に0を表す点Oと，一般にはその右側に1を表わす点Eをとって，それを基準にして，直線上の各点に実数の目盛りをつけた直線のことである。あるいは，Oの右側に正の目盛りをつけ，左側に負の目盛りつけた，無限に長く延びている物差しのことだといった方がずっとわかりやすいかもしれない。

しかし，この目盛りをつけていく過程で注意を払った方がよいと思われることがいくつかあるようなので，もう一度，この目盛りをつけていくプロセスを追っていってみることにしよう。自然数 m に対して，OとEの間を m 等分し，Oに一番近い等分点に $\frac{1}{m}$ と目盛りをつける（図27）。そして次に $\frac{1}{m}$ の歩幅でOから右の方に

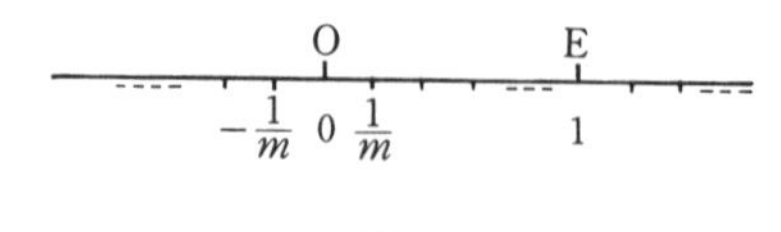

図 27

n 回進んだ所に $\dfrac{n}{m}$ の目盛りをつけ，左の方に n 回進んだ所に $-\dfrac{n}{m}$ の目盛りをつける。このようにして，有理数

$$\frac{n}{m} \qquad (n = 0, \pm 1, \pm 2, \cdots)$$

の目盛りをつける点が確定する。

次に歩幅 $\dfrac{1}{m}$ として，順次 $\dfrac{1}{2}$，$\dfrac{1}{3}$，$\dfrac{1}{4}$，… ととっていくことにより，結局，すべての有理数

$$\frac{n}{m} \qquad (m = 1, 2, 3, \cdots ; n = 0, \pm 1, \pm 2, \cdots)$$

に対して，直線上に目盛りをつける点が確定する。

まだ未完成だが，このようにして得られた有理数目盛りをもつ直線を数直線とよぶことにしよう。

ここまでの話では，午前中と同じような景色の中を歩いているようである。それは今までは，横の方向に，同じ歩幅で歩いていくという話を繰り返してきたからである。しかし，これからは，いわばこの数直線の深さを探っていく方向に視線を移していきたい。

いま数直線上で端点が 0 と 2 からなる線分 I に注目する：$I = [0, 2]$，I の中点 1 を中心にして，この線分を $\dfrac{1}{100}$ に縮小すると，新しい線分 I' が得られる。I' は

$$I' = \left[1-\frac{1}{100},\ 1+\frac{1}{100}\right]$$

と表わされる。注意すべきことは，このとき I につけられていた有理数の目盛りは，そっくりそのまま，長さが $\frac{1}{100}$ に縮小されて，I' 上の有理数目盛り全体の上に1対1に移されていることである。すなわち，I をゴム紐と思い，I が縮んで I' になったと想像してみれば，このとき I 上の $1+\frac{n}{m}$ の目盛りの点は I' 上の $1+\frac{n}{100\,m}$ の点に移されている。逆に I' 上の $1+\frac{n'}{m'}$ の目盛りの点は，もとに戻してみると，I 上の $1+\frac{100\,n'}{m'}$ の点になっている（図28）。

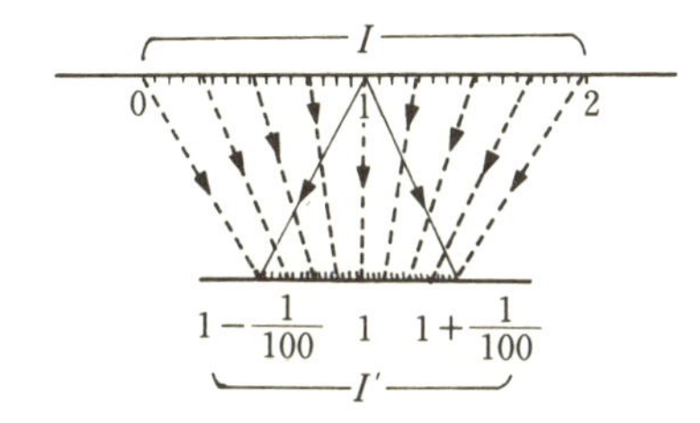

上の目盛りを x，下の目盛りを y とすると

$$y=\frac{1}{100}(x-1)+1$$

図28

$\frac{1}{100}$ の縮小では，まだあまり実感が湧かないかもしれない。1兆分の1に縮小してみても，最初と同じ状況が，1のまわりの極微の世界で再現されているといって，この状況を強調した方がよいかもしれない。

1のまわりに，どんなに小さい範囲を想像してみても，つねに，最初にとった線分 I につけられている有理数目盛りと同じ状況がそこに再現されているということは，私たちを，無限が織り綴る曼陀羅模様の世界へと誘うようなところがある。数直線は，どんなに細分してみても，本質的には同じ姿を示しているのである。

この様子を少し考えてみると，数直線上につけられた有理数の目盛りが，十分細かく，私たちのふつうの感覚からいえば隙間がないといってよいほど細かくつけられていることがわかる。

しかし実際は隙間だらけなのである。それは有理数（＝分数）として表わされていない実数——無理数——がたくさん存在しているからである。無理数の中で最初にピタゴラス学派によって見出されたと伝えられているのは，1辺が1の正方形の対角線の長さとして登場する $\sqrt{2}$ である。この発見は今から約2500年前のことである。

$\sqrt{2}$ が無理数であることを念のため示しておこう。$\sqrt{2}$ は2乗して2となる数だから，$1<\sqrt{2}<2$ は明らかである。いま $\sqrt{2}$ が有理数であったとして矛盾の生ずることをみよう。$\sqrt{2}$ を既約分数（分母，分子に共通な約数は1）の形で書いて

$$\sqrt{2}=\frac{q}{p} \qquad (1)$$

とする。$1<\sqrt{2}<2$ において $\sqrt{2}$ に(1)を代入し分母を払うと

$$p<q<2p \qquad (2)$$

である。一方，(1)の両辺に $\sqrt{2}\,p$ をかけると，$2p=\sqrt{2}\,q$．したがって

$$\sqrt{2}=\frac{2p}{q} \qquad (3)$$

この分母は，(1)の分母と違うから，(3)の分数は通分して，(1)の右辺の形となるはずである。しかし(2)によって，分母 q は，どのような約数（$\neq 1$）で割っても p より小さくなる（q を2で割っただけで，すでに p より小さくなってしまう！）。したがって(3)の右辺を通分することによって，(1)の右辺にすることはできない。これは矛盾である。

$\sqrt{2}$が無理数のことがわかると，$\sqrt{2}$に有理数をかけた

$$\frac{n}{m}\sqrt{2}$$

の形の数もすべて無理数となることがわかる。なぜなら $\frac{n}{m}\sqrt{2}$ が有理数と仮定して，$\frac{n'}{m'}$ に等しいとすると

$$\sqrt{2} = \frac{mn'}{nm'}$$

となって，$\sqrt{2}$がまた有理数となって，矛盾となるからである。

このことは，数直線を，原点Oをとめて，左右の方向に$\sqrt{2}$倍だけ引き延ばしてみると，今まで有理数の目盛りのついていたすべての点が，まだ目盛りのついていない点（無理数に対応する点）に一斉に移されてしまうことを意味している。有理数の目盛りのついたたくさんの点が，$\sqrt{2}$ をかけることによって，一斉に，これらの目盛りの隙間へと落ちこんでしまうという現象も，数直線上の点の出来事と見ると，不思議な出来事である。

このようにして，私たちは，数直線上につけた有理数の目盛りをもつ点だけでは，直線は隙間だらけであることがわかった。私たちはふつうは，この隙間の点は無理数の目盛りをつけた点によって満たされており，すべての有理数，無理数に対して，それを目盛りとする点を与えることによって，数直線は完成すると考えている。

しかし，少し立ち止って考えてみると，あまり正体のまだよくわからない無理数に対して，どうやって数直線上の目盛りとなる点を決めるのだろうという疑問が湧いてくる。そうすると，さらにもう少し溯って，一体，無理数とは何だったのかと考え直してみたくなる。しかし，無理数は，有理数でない実数として定義したのだか

ら，結局，実数とは何か，という問に到達することになるだろう。

実数とは何か，という改まった問いかけは，数学史上では，19世紀後半になって，デデキント，カントル，ワイエルシュトラスなどの人たちによって提起されてきたのである。ここでは，これらの人たちの，この問いに対する考えを直接述べることはしないで，10進法による数の表記が，数直線上ではどのように表わされるかを調べていくことにより，実数とはどのようなものかを，明らかにしてみたいと思う。

簡単のため，数直線上の0と1の間にある部分を考えることにし，0と1を端点とする半開区間をJとする：

$$J=\{x \mid 0 \leqq x<1\}$$

である。いまJを10等分する分点

$$\frac{1}{10}, \frac{2}{10}, \frac{3}{10}, \cdots, \frac{9}{10}$$

をとり，Jを10個の半開区間に細分する：

$$J_0=\left[0, \frac{1}{10}\right), \ J_1=\left[\frac{1}{10}, \frac{2}{10}\right), \ J_3=\left[\frac{2}{10}, \frac{3}{10}\right), \ \cdots, \ J_9=\left[\frac{9}{10}, 1\right)$$

そして

J_0に属する点には，0.0

J_1に属する点には，0.1

…

J_9に属する点には，0.9

という表示を割りふることにする。しかし，この表示では，同じJ_n（$n=0, 1, 2, \cdots, 9$）に含まれている2点は同じ表示をもつことになり，区別ができない。そこで，おのおののJ_0，J_1，…，J_9をさらに10等分する。どれでも同じだから，たとえばJ_6を例にとると，

J_6をさらに

$$J_{60}=\left[\frac{6}{10},\ \frac{6}{10}+\frac{1}{100}\right),\qquad J_{61}=\left[\frac{6}{10}+\frac{1}{100},\ \frac{6}{10}+\frac{2}{100}\right),$$

$$J_{62}=\left[\frac{6}{10}+\frac{2}{100},\ \frac{6}{10}+\frac{3}{100}\right),\ \cdots,\ J_{69}=\left[\frac{6}{10}+\frac{9}{100},\ \frac{7}{10}\right)$$

10個の半開区間に細分する（図29)。

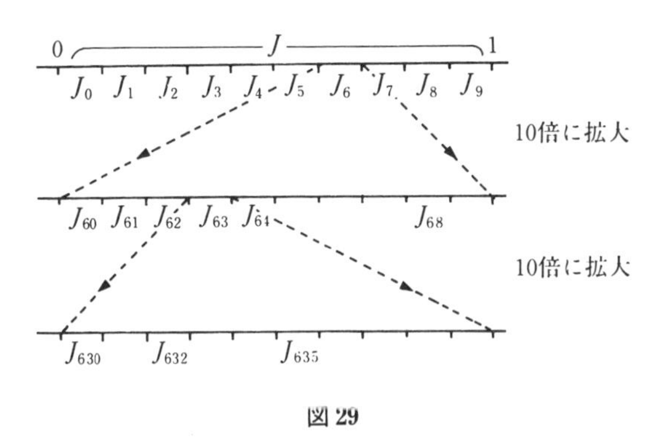

図 29

そして

J_{60}に属する点には，0.60

J_{61}に属する点には，0.61

……

J_{69}に属する点には，0.69

という表示を割りふる。

このおのおのの区間をさらに10等分して細分する。そうすると，たとえばJ_{63}は，

$$J_{630},\quad J_{631},\quad J_{632},\quad \cdots,\quad J_{639}$$

と細分される。ここでまた前と同様に，たとえばJ_{638}に属する点には，0.638という表示を割りふっておく。

このようにして，k 回同様の細分を繰り返していくと，たとえば

$$J_{\underbrace{6380\cdots5651}_{k}}$$

のような区間が得られるだろう。（一般には，$J_{n_1n_2\cdots n_k}$という形の区間が得られる。）この区間に属する点には

$$0.6380\cdots5651$$

という表示を与えておくことにする。（一般には，$J_{n_1n_2\cdots n_k}$に属する点に対して $0.n_1n_2\cdots n_k$ という表示を与える。）

細分のたびごとに，区間の長さは前のものの $\frac{1}{10}$ になっていくのだから，k 回目に得られたこのような区間の長さは

$$\frac{1}{10^k}$$

となっている。

たとえば k を 10000 にとってみると，$\frac{1}{100\cdots00}$（0 が 1 万個！）という極微の長さの区間 $J_{n_1n_2\cdots n_{10000}}$ の中にしか，$0.n_1n_2\cdots n_{10000}$ という表示をもつ点はない。しかし，それでもこの表示で，なお区別されない点が残っているという状況は変わらない。数直線は，どんなに細分しても，均質な様相をどこまでも保ち続けていくのである。

そこで，nをどんどん大きくして，究極のところで 1 点を絞りきったらよいと考えられてくる。しかし，そこでまた生じてくる問題は，区間の細分をどんどん繰り返していくと，究極のところに 1 点が残るという考えは，自然なのだろうか，ということである。究極のところには点はなくなるという考えは，不自然なことだろうか。

このような究極の点があるか，ないかなどということは，もちろん確かめようのないことである。しかし私たちは，究極の点がある

と考えた方が，連続性という性質を理解するためには自然なことであると考える。だが，そういう以上，なぜ自然と考えるかを少し述べておかなくてはならない。

有理数は，分数として表わせる数だから，いわば，よくわかった数である。この分数を小数表示をすると，2つの場合が生ずる。1つの場合は

$$\frac{1}{4} = 0.25, \qquad \frac{423}{500} = 0.846 \qquad (4)$$

のように有限小数となるときであり，もう1つの場合は

$$\frac{1}{3} = 0.3333\cdots, \qquad \frac{5}{7} = 0.\dot{7}1428\dot{5} \qquad (5)$$

のように無限循環小数となるときである。$\frac{5}{7}$の方の表わし方では，714285は循環節であって，実際5を7で割ってみると，この数の並び方が竹の節のようにつながって繰り返され，この繰り返しがどこまでも続くのである。

(4)の場合，$\frac{1}{4}$はJ_{25}の左の端点として，$\frac{423}{500}$は，J_{846}の左の端点として捉えられたことを示している。前の説明からわかるように，一般に，ある数が$J_{n_1n_2\cdots n_k}$の左の端点として捉えられると，この数は$0.n_1n_2\cdots n_k$と有限小数で表わされる。

それに反して，(5)の場合では$\frac{1}{3}$は，つねに$J_{33\cdots3}$の区間の左から$\frac{1}{3}$の場所にあって，細分していく区間の端点としては捉えられない（図30)。$\frac{5}{7}$も，細分していく区間の10等分点のうち，7番目，1番目，4番目，…と行ったり来たりしているが，いつでも区間の中にあって，決して端点として捉えられない。

だから，$\frac{1}{3}$は，区間の減少列

$$J_3 \supset J_{33} \supset J_{333} \supset \cdots \supset J_{333\cdots3} \supset \cdots$$

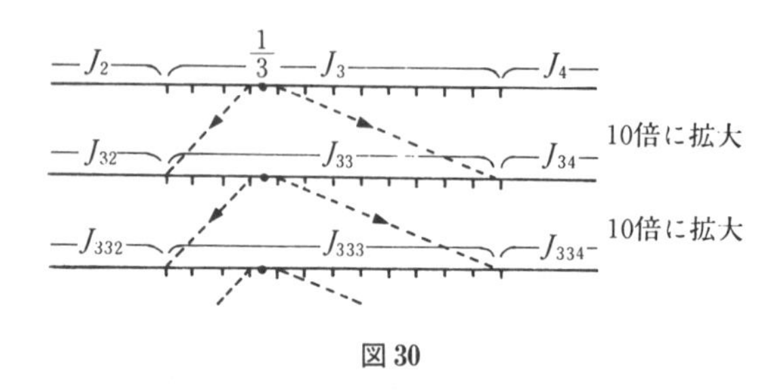

図 30

に含まれる共通のただ１点――究極の１点！――として数直線上に表わされていることになる。同じように$\frac{5}{7}$は

$$J_7 \supset J_{71} \supset \cdots \supset J_{714285} \supset J_{7142857} \supset \cdots \supset J_{714285\cdots714285} \supset \cdots\cdots$$

に含まれる共通のただ１点として数直線上に表わされている。

$\frac{1}{3}$，$\frac{7}{5}$は，最初の目盛りのつけ方からもわかるように，数直線上に‘確実に’存在している点である。この点が，$J_{n_1n_2\cdots n_k}$という区間の減少列の究極の１点として表わされているならば，数直線は本来，均質な様子をもつと考えている以上，同じ状況は，任意の区間の減少列に対して成り立たなければならないと考えるべきだろう。

そこで私たちは，次の要請をする。

> 区間の減少列
>
> $$J_{n_1} \supset J_{n_1n_2} \supset J_{n_1n_2n_3} \supset \cdots \supset J_{n_1n_2\cdots n_k} \supset \cdots$$
>
> が与えられたとき，これらすべての区間に共通に含まれるただ１点が数直線上に存在する。

そしてこの点を，無限小数

$$0.n_1n_2n_3\cdots n_k\cdots$$

で表わす。

上の要請は，ふつう，数直線の連続性とよばれているものである。そして実数とは，有限小数，または無限小数で表わされる数として定義するのである。

数直線上の点も，またそれが表わす実数も，有限小数，または分数として具体的に表わされていない限り，私たちは，連続性によってはじめて，その存在を確認していることになる。$\sqrt{2} = 1.41421356\cdots$と書くとき，この…によって，究極の点が捉えられたと思っているのは，この連続性によっている。

このようにして，私たちは，数直線の深みの奥へ奥へと進んでみることにより，数直線の連続性に出会った。しかし，私たちが連続性というときには，水の流れや，時の流れのように，いわば，横の方向に走っていくような感覚の中で，この概念を感じとっている。

私たちが上に述べてきた実数の連続性は，本当に，私たちが日常経験の中で感じているこのような連続性を表現しているだろうか。これは興味ある問題である。

この問題に答えるために，今から2300年も昔に，ツェノンの提起した逆理「飛んでいる矢は飛ばない」を取り上げてみよう。

ツェノンは次のようにいう。

> 飛んでいる矢を考えることにしよう。ある瞬間を考えるとこの瞬間には矢は止まっている。次の瞬間を考えてみよう。やはりその瞬間には矢は止まっている。瞬間，瞬間には矢は止まっている。一方，時間は瞬間からなっている。したがって矢はつねに止まっている。すなわち，飛んでいる矢は，実は飛んでいないのである。

これを逆理というのは，実際は矢は飛んでいるからである。私た

ちは，数学で矢の運動を調べるときには，ふつう，時間 t と，進んだ距離を x として

$$x = f(t)$$

と関数で表わして，この関数を調べている。このような表わし方で，矢の運動を調べてもよい，というためには，数学の立場でツェノンの逆理が否定できなくてはならない。実際，私たちはツェノンの逆理は成り立たないということができる。その根拠を与えるのが，実数の連続性である。実数の連続性は，ツェノンの逆理を打破できる程度には，時空の連続性を確かに表現しているのである。

これから実数の連続性を仮定して，ツェノンの逆理が正しくないことを明らかにしてみよう。まず，ツェノンの逆理をよく読んでみると，'瞬間' という概念がこの逆理の綾を織りなしていることがわかる。

瞬間とは，時間を数直線として表わしたとき，どのような点として考えたらよいだろうか。カメラマンが，動物の生態を写真にとるため，シャッター・チャンスをねらって，ある瞬間を待っている。シャッター・チャンスが近づくにつれて，時間はたとえば数直線上の点として

1，1.4，1.41，1.414，1.4142，…

のように，刻々とその'瞬間'に向けてしるされていくだろう。カメラマンが「今こそシャッターを押す瞬間だ」と思ったとき，時間は上の系列の果てとして，数直線の点

1.41421356…

に到達するだろう。このような瞬間が存在するという保証が実は実数の連続性であった。ツェノンがさりげなく，「ある瞬間を考えよう」といった部分を，数の世界で表現しようとすると，実数の連続

性が必要となるのである。‘瞬間’というのを，過去と未来を分かつ点であると考えることにすると，連続性の保証がないとこの分かつ点を一般には見失ってしまうのである。

瞬間という概念が，このようにして実数の連続性と深く結びついていることがわかったが，まだツェノンの逆理を打ち破ったわけではない。ツェノンの逆理を論破する鍵は，逆理の中で述べられている‘次の瞬間’にある。

どの瞬間でもよいが，ある瞬間を考えることにしよう。上の例を引いて，この瞬間は数直線上の点として

$$a = 1.41421356\cdots$$

と表わされていたとしよう。ツェノンの逆理を成り立たせるためには，aの次の瞬間とは，

i)　aより大きい

ii)　aと次の瞬間の間には，別の数はない

をみたしていなくてはならない。

そこでaに対してi)，ii)をみたす数があるかどうかを調べてみよう。i)をみたすように，aより大きい数1.5をとってみても，ii)をみたしていない。そのため次に1.42をとってみる。この数はaより大きいが，やはりii)をみたしていない。そこで1.415をとってみる。このように試行錯誤を繰り返しながら，i)とii)を同時にみたす数を求めていこうと試みると，次のような数の系列が得られるだろう。

1.5，　1.42，　1.415，　1.4143，　1.41422，　1.414214，
1.4142136，　…

この系列の究極に現われる数は，明らかにaそのものである。

すなわち，次の瞬間は存在しない。したがってツェノンの逆理は

成り立たない。飛んでいる矢は，確かに飛んでいるのである。

この話から実数の連続性が，どのようなことをいい表わしているか察知してもらえるのではなかろうか。

一日の旅を終えて

対　　話

太郎君　午前の方は自然数，午後の方は実数のお話でしたが，それぞれのお話に一貫して，無限への方向を示唆する象徴的な記号…が現われていることが大変印象的でした。見たところまったく同じ…という記号を使っても，自然数の場合の 1，2，3，…と，無限小数を表わす 0.57128…のような場合では，いわば指し示している方向が全然違っているのだということも感覚的に捉えることができました。しかしそうやって考えてみますと，2 つの…の違いで改めて気になることもあります。自然数のときには，ペアノの公理のように，次に続く数がきちんと指定されていて，私たちは，いわば決まった飛び石を踏んで行けば，1,2,3,…を構成できたわけです。それに対して，1つの実数0.57128…をとるといっても，…のところにどんな数が並んでいるものか現実には何もわかりません。何の規則性もないし，もちろん最後まで書き表わすことなど絶対不可能なものに対して，…と書いて，1つの実数が決まったというのは，どういうことなのでしょう。

無涯先生　質問は深く，質問の内容は個々の実数の認識の問題に触れているのだろうが，私には何も答えられない。私もどう考えてよいかわからないからである。今世紀のはじめに，ブローウェルとかワイルが，このような無限認識の問題を深く考えて，直観主義とよばれている1つの認識の立場を表明した。この中に盛られている‘構成的’という考えは，数学全体に対して強い批判を与えたが，数学の既存の形式を揺り動かすほどの力にはなり得なかったようである。しかしこのことについても私はごく常識的なことしか知らない。ふつうの数学者は，確かに1つ1つの実数を構成してみることはできないとしても，実数は数直線の1点として確実に存在していると感じているだろう。それでは，直線とか，直線上の点の認識を支えているものは何かと問われれば，やはり第1日目のように，プラトンに戻って，それはイデヤの世界にあるといわざるを得ないだろうと思う。

太郎君　僕は想像をたくましくしているだけですが，プラトンのイデヤ的世界の中で捉えられたユークリッドの幾何学が，その中から新しく非ユークリッド幾何学を誕生させたように，実数概念も，将来，その中から時間，空間の表現を与えるような全く新しい形式を別に見出して，変容することがあるのでしょうか。

無涯先生　ユークリッド幾何学が数学にもたらした豊かさとは較

べものにならぬほど，実数は，科学全体の中で，広く，深い，豊饒な土壌を形成してきた。さまざまな自然現象は，実数の上で展開されている数学を用いて解析され，モデル化されている。私は，実数概念がそのまま進化発展するような方向で大きく変わるようなことはないのではないかと，漠然と思っている。しかし将来のことはだれにもわからない。物理学や情報科学などの進歩が，現在の連続的な力学的世界観を完全に変えてしまうかもしれない。連続性と離散的な性質を融合させる必要が生じ，それを表現するために新しい数を必要とするようになるかもしれない。それで思い出したが，中世の哲学者で神学者でかつ数学者であったトマス・ブラッドワーディン（1290年頃～1349年）は，「連続量は無数の不可分量を含むけれども，そのような数学的原子（アトム）から構成されているのではなく，それとまったく同種類の無数の連続体からなる」*)と論じていたそうである。覗きこんで見るには，連続の深淵は今もなおあまりにも深すぎるのかもしれない。

---

*）ボイヤー『数学の歴史』（加賀美，浦野訳）（朝倉書店），この本から以下でもときどき引用させていただく。

3日目

近づく——微分

よくみれば薺(なづな)花さく垣ねかな

——芭蕉

午前

数直線上の点として実数を表わすことによって，自然数のときとはまったく異なる数に対する見方が，いつしか私たちの中に育ってきたことに気づく。自然数のときには１つ１つの数の個性に注目して，素数とか約数という考えが重要であったが，実数のとき，同じように個々の実数に注目するような見方は，ツェノンの逆理が，時間を瞬間にばらばらに分解して見せてくれたように，私たちの現実の‘数体験’の中ではなじめない，どこか危険な要素をはらんでいる。実際は，数直線上で$\sqrt{2}$を表わすとき，私たちは$\sqrt{2}$に近づく数列1.4，1.41，… を考えている。このような事実が示すように数直線上では，１つの数はまわりにある数から近づけるという意識の中で育っているようである。すなわち１つの実数は，孤立してあるわけではなく，数直線という‘綜合体’の中につねに埋もれて存在している。たとえていえば，水の中で個々の水素原子，酸素原子はそれぞれ勝手に振舞いながら存在しているわけではなく，水という‘綜合体’の中で，互いの連関を保ちながら，１つのまとまった状態を示し続けている。

このような視点から，ごく自然に，数直線上を自由に動く変数xという考えが湧いてくる。数直線上の変数xは，現実の世界の変量としては，時間の流れとか，運動している質点の軌跡などを表現することになるだろう。変数xが，その近くにある数とどのように関係し合っているかをみるためには，x がある数 a に近づく（記号で $x \to a$）という考えが，もっとも基本的なものとなる。

しかし，たとえば質点の運動は時間によって変わるように，一般には１つの変数の動きは，別の変数の動きによって規制されている。このような２つの変数 x, y の相互関係を，どのように数学的に記述するかは，数学，特に解析学の中心テーマとなっている。数学では，変数 x の動きに応じて，変数 y の値が１つ決まるような関係を，関数関係にあるといって，

$$y = f(x) \quad や \quad y = g(x)$$

のように表わして示すのがふつうである。そして y は x の関数であるという。

関数の中で，もっとも基本的であるし，また私たちになじみやすいのは，連続関数である。連続関数とは，簡単にいえば，近づくものを近づくものへ移すという関係をもつ関数である。このようにいうよりは，

$$x \to a \quad のとき \quad f(x) \to f(a)$$

がつねに成り立つといった方がわかりやすい。

連続関数の例として，古代ギリシャに溯って，もう一度飛んでいる矢を引用するのは，やはり少し古すぎるだろう。ここでは１台の自動車の運行を，時間と走行距離との関係で捉えてみることにしよう。

そこで１台の自動車がある方向に向って走っている状況を想定し，出発してから x 時間後に，出発点から y km のところを走っているという関係を

$$y = f(x) \qquad (1)$$

と表わす。

関数(1)のグラフをxy座標平面上に，図31のように表わすと，このグラフは自動車の運行状況を示す曲線となっている。xがt_0からt_1までの間，グラフがx軸に平行な線分となっているのは，自動車がこのあいだ止まって一休みしたことを示している。

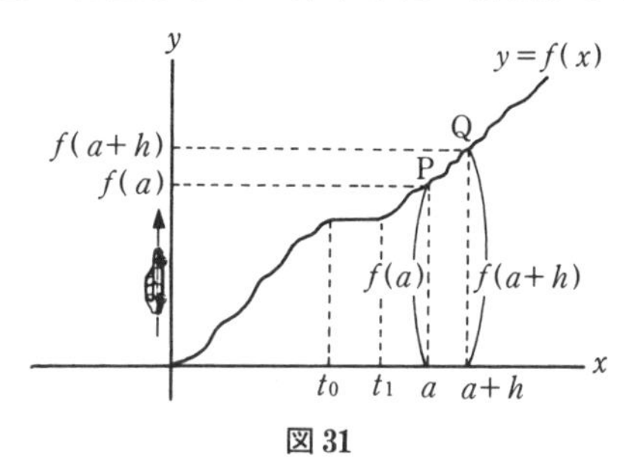

図31

さて，xがaから$a+h$の間に自動車は

$$f(a+h)-f(a)$$

だけ進む。したがってこの間の自動車の平均速度は

$$\frac{f(a+h)-f(a)}{h} \qquad (2)$$

で与えられる。hが十分小さいとき，たとえば(2)が80に等しいということは，日常的な感じでは，時間がaから$a+h$の間，運転席にいる人が速度計をじっと見ていると，速度計の針は，80を中心にして細かく揺れ動いているが，「平均的には今は時速80 kmで走っているな」と認めているような状況に対応している。

図31では，(2)はグラフ上の2点P, Qを結ぶ線分の傾きを与えている。

厳密な意味では，どんな短い時間間隔をとっても，自動車は走行中に等速運動を持続するということはないだろうが，ある‘瞬間’眼を速度計に移すと，速度計の針は，一定の目盛り，たとえば85

を指し示している。私たちはこのようなとき「車はいまの瞬間はちょうど時速 85 km で走っている」などという。'瞬間' とは，時間の流れの中では，過去と未来を分断する点であり，過去からも未来からもいくらでも近づいていけるものとして認めていたことを思い出すと，この '瞬間の速度' とは次のようなものであると考えてよいだろう。考えている '瞬間' は $x=a$ のときであるとし，このときの速さが 85（km／時）であるということは，(2) で $h\to 0$ としたとき，この値がいくらでも 85 に近づいていくということである。すなわち

$h\to 0$ のとき

$$\frac{f(a+h)-f(a)}{h}\longrightarrow 85$$

が成り立つということである。数学で慣用の極限記号 lim を用いると，同じことを

$$\lim_{h\to 0}\frac{f(a+h)-f(a)}{h}=85$$

と書いてもよい。（lim は '近づく' ことを示す動詞である！）

自動車の話から一般的な設定へと戻るために，一般に，$y=f(x)$ という関数が与えられたとしよう。このとき，もし

$$\lim_{h\to 0}\frac{f(a+h)-f(a)}{h} \qquad (2)$$

が決まった値として存在するならば，f は $x=a$ で微分可能であるといい，この値を $f'(a)$ で表わす。$f'(a)$ を，a における f の微係数という。

図 32 で示したように，$f'(a)$ は，Q が右または左から P に近づいたときの線分 PQ の傾きの極限として得られている。点 P を

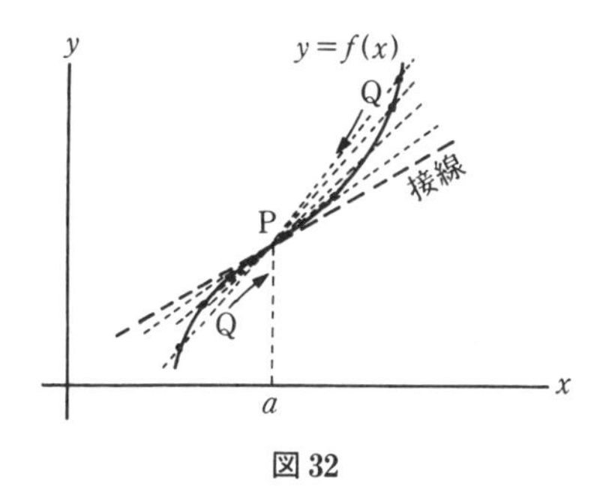

図 32

通って傾きが，$f'(a)$ の直線を，$x=a$ における $y=f(x)$ の接線という。図 33 では，$x=a$ で微分可能でないようなグラフの例を示しておいた。(a) では，$x \to a$ のとき，PQ，PQ′ の傾きはいくらでも大きくなって，決まった値に近づかない。(b)では，Q が右から P に近づくか，Q′ が左から P に近づくかにしたがって，極限の傾きが異なる。またもちろん，(c) のように，$x=a$ でグラフがつながっていなければ――$f(x)$ が $x=a$ で不連続ならば――，接線など考えられない。

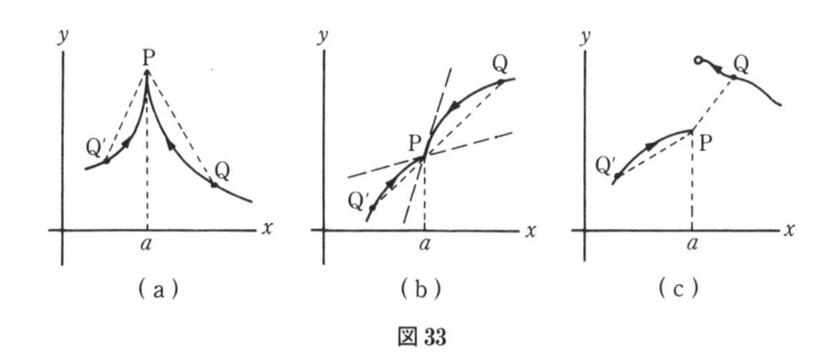

図 33

図 32 を見ている限りでは，接線という概念は紛れもないほど明らかな概念であると思われる。そしてそのことは，私たちが‘瞬間

の速度’というういい方にとまどいを感じないことからもわかることである。また図32と図33を見比べてみれば，接線が引けるかどうか——微分可能かどうか——は，一目瞭然なことであるという気がしてくる。

確かにそれはそれでよいのだが，数学の立場に立って，関数という一般的な設定のもとで話を進めると，接線という概念がそれほど明らかでなくなるような場合や，あるいは接線が引けるかどうかが，見ただけではわからないという場合も生ずるのである。そのような例を図34で示しておいた。

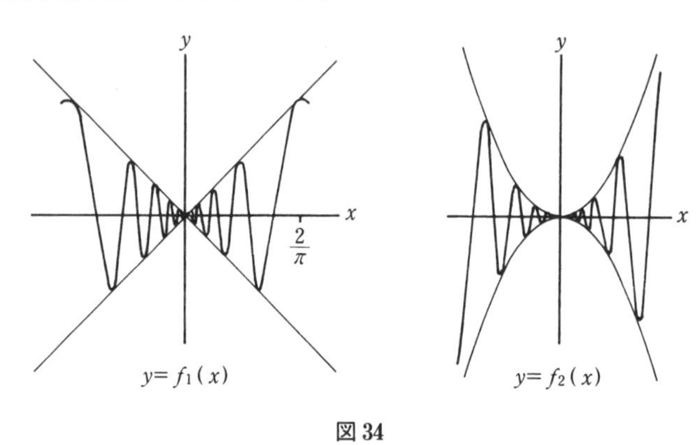

図34

図34の左のグラフは

$$f_1(x) = \begin{cases} x \sin \dfrac{1}{x}, & x \neq 0 \\ 0, & x = 0 \end{cases}$$

という関数のグラフであり，右のグラフは

$$f_2(x) = \begin{cases} x^2 \sin \dfrac{1}{x}, & x \neq 0 \\ 0, & x = 0 \end{cases}$$

という関数のグラフである。ともに，原点に近づく点列 $\dfrac{1}{n\pi}$（$n = \pm 1, \pm 2, \cdots$）上で0となりながら，無限に振動を繰り返して0へ近づいていく。

このようなグラフになると，グラフが原点のところでつながっているといってよいのかどうかも実は判然としない。数学では，$x \to 0$ のとき，$f_1(x)$ も $f_2(x)$ も振幅がどんどん小さくなり，したがって y 軸上に写された揺れが，しだいに0に近づくという状況だけに注目して，$f_1(x)$ も $f_2(x)$ も，ともに $x = 0$ で連続であるという。

さて，$f_1(x)$ と $f_2(x)$ の $x = 0$ における連続性はそのように理解しておくとしても，$f_1(x)$ と $f_2(x)$ が $x = 0$ で微分可能かどうかについては，図34のグラフを見ただけでは，何もわからない。

私たちは微分の定義式(2)に戻って（今の場合 $a = 0$）

$$\lim_{h \to 0} \frac{f_1(h) - f_1(0)}{h}, \qquad \lim_{h \to 0} \frac{f_2(h) - f_2(0)}{h}$$

が存在するかどうかを，グラフからひとまず離れて，確かめてみなくてはならない。実際検証してみると，f_1 については

$$\lim_{h \to 0} \frac{f_1(h) - f_1(0)}{h} = \lim_{h \to 0} \frac{h \sin \dfrac{1}{h}}{h} = \lim_{h \to 0} \sin \frac{1}{h}：存在しない.$$

（$t = \dfrac{1}{h}$ とおくと，$h \to 0$ のとき $t \to \infty$：$\sin \dfrac{1}{h} = \sin t$ は，$t \to \infty$ のとき，1と -1 の間を無限に振動する。）

一方，f_2 については

$$\lim_{h\to 0}\frac{f_2(h)-f_2(0)}{h}=\lim_{h\to 0}\frac{h^2\sin\dfrac{1}{h}}{h}=\lim_{h\to 0}h\sin\frac{1}{h}=0$$

ここで $\left|h\sin\dfrac{1}{h}\right|\leqq|h|\to 0$ $(h\to 0)$ を用いた.

したがって，$f_1(x)$ は原点で微分可能ではないが，$f_2(x)$ の方は原点で微分可能であって，$f_2'(0)=0$ である。定義にしたがえば，$f_1(x)$ のグラフは原点で接線を引けないが，それに反して，$f_2(x)$ のグラフの方は，原点で接線が引けて，接線は x 軸となる。

このような状況になると，微分可能性とか，接線ということは，直観的にはあまり明らかなことではなくなってきて，一体，これをどう考えたらよいのだろうかと，図 34 のグラフを見て，首をかしげてしまう。

微分の定義に現われる極限 $\lim\limits_{h\to 0}$ も，近づくという日常的な感じを述べているだけで，ごくふつうの操作のように思う。しかし，図 32 のようにグラフ上に点 Q をとって，線分 PQ の傾きを調べながら，Q → P とするという考えを，今の場合 P を原点にとって適用すると，$f_1(x)$ の場合も，$f_2(x)$ の場合も，無限の波を乗り越えていかなくてはならない。無限の波を乗り越えて得られる究極の状況など，私たちの日常の経験の中から感取できることではないだろう。微分とか接線を，明確に定義しておかなかったならば，私たちも，ここで接線について，ツェノンの逆理のようなものを提起して，読者を困惑させることができたかもしれない。眼で見ただけでは，x 軸が，$f_2(x)$ のグラフの原点における接線を与えているということは，どうにも納得しにくいことである。しかし，上で示したように，微分の定義にしたがって計算すれば，これはやはり接線であるとしか，いいようがないのである。

そこで改めて，接線の定義，したがってまた微分の定義

$$\lim_{h \to 0} \frac{f(a+h)-f(a)}{h} = f'(a) \tag{3}$$

を見直してみることになる。

(3) の左辺では，$h \to 0$ のとき，$f(a+h)-f(a)$ が 0 に近づくときの状況と，h が 0 に近づくときの状況を，その速さの比をとって調べている。したがって，$f(a+h)-f(a)$ が $2h$ ならば，$f'(a)$ は

$$\lim_{h \to 0} \frac{2h}{h} = 2$$

で与えられる。しかし $f(a+h)-f(a)$ が $2h+h^2$ でも，$2h-5h^3$ でもやはり，$f'(a)=2$ となるのである。なぜなら

$$\lim_{h \to 0} \frac{2h+h^2}{h} = \lim_{h \to 0}(2+h) = 2,$$

$$\lim_{h \to 0} \frac{2h-5h^3}{h} = \lim_{h \to 0}(2-5h^2) = 2$$

となるからである。

h^2 も h^3 も，$h \to 0$ のとき，h が 0 に近づく速さよりもはるかに速く 0 に近づいていく。たとえば

$h=0.1$ のとき，$h^2=0.01$，　$h^3=0.001$；

$h=0.01$ のとき，$h^2=0.0001$，$h^3=0.000001$.

したがって h^2 や h^3 が 0 に近づく速さを，h と比をとって較べてみると，比の値は $h \to 0$ のとき 0 となって，結果において微分の式 (3) では，h^2 や h^3 の速さは，h と比べると 0 としか測れないということになっているのである。

hに比べて，$h^2, h^3 \cdots, h^n, \cdots$ は，nが大きくなるにつれしだいしだいにスピードを上げて，やがて猛烈な速さで0に近づくようになる。この速さはhが0に近づくにつれ，hとは比較にならない速さとなる。したがってこのことから，次のことがわかる。

一般に，$h \to 0$のとき，$f(a+h)-f(a)$の0に近づく速さが，h^n $(n=2, 3, 4 \cdots)$程度の速いスピードのときには，$f(x)$は$x=a$で微分可能とはなるが，$f'(a)=0$となってしまう。微分は，このような速さに対しては，何の情報も与えず，ただ0という答を出しただけで沈黙してしまう。

微分の定義に含まれているこのような意味がわかると$f_2(x)$が原点で微分可能となって，$f_2'(0)=0$となった理由がもう少しはっきりしてくる。$f_2(x)$は，波頭がx^2と$-x^2$で押えられながら0に近づいていく波だから，$h \to 0$のとき，$f(h)$はh^2か，h^2より速い速さで0へ近づいていく。したがって，$f_2'(0)=0$となる。接線がx軸と一致したのは，hの速さで走る車から見てみれば――あくまで比較の話だが――，0のごく近くでは，$f_2(x)$のグラフは，$y=0$のグラフ（x軸）から離れているとしても，それはほとんど無視できるほどの誤差の範囲で，止まっているといってもよい状況だということである。

他方，$f_1(x)$が原点で微分不可能となった事情は，次のようである。$f_1(x)$の波頭はxと$-x$で押えられて，$h \to 0$のとき，確かに波の高さは0に近づくが，この波の高さをhとの比でみてみると，つねに$+1$と-1の間を振動していたのである。いわば，並んでスピードを落している2台の自動車‘h’と‘$f_1(h)$’があるが，一方の自動車‘h’から見ると，他方の自動車‘$f_1(h)$’は，つねに‘h’の車体の前後を行きつ戻りつしながら，スピードを落している。この状態では，いくら行っても，2台の自動車‘h’と‘$f_1(h)$’のスピードの比較はできないだろう。

今までは，$f(a+h)-f(a)$が0に近づく速さとだけいってきたが，同じことを$f(a+h)$が$f(a)$へ近づく速さといってもよい。$f(x)$を$x=a$で微分するとは，要するに，$f(a+h)$が$f(a)$に近づく速さを，hが0に近づく速さで測った究極の値である。

ここで関数

$$f(x)=x^n \qquad (n=1,2,\cdots)$$

が，任意の$x=a$で微分可能であって，

$$f'(a)=na^{n-1} \qquad (4)$$

となることを示しておこう。

実際，二項定理を用いて，${}_nC_1=n$に注意すると

$$\begin{aligned} f(a+h)-f(a) &= (a+h)^n-a^n \\ &= (a^n+{}_nC_1a^{n-1}h+{}_nC_2a^{n-2}h^2+\cdots+h^n)-a^n \\ &= na^{n-1}h+{}_nC_2a^{n-2}h^2+{}_nC_3a^{n-3}h^3+\cdots+h^n \end{aligned}$$

である。hとの比をとって，$h\to 0$とすると結局，第1項の速さだけがhと比較可能な速さであって，hとの比は，na^{n-1}で与えられることがわかる。これは(4)にほかならない。

ついでに

$$g(x)=\frac{1}{x}$$

に対しても，$g'(a)$を求めておこう：

$$g'(a) = \lim_{h\to 0}\frac{1}{h}\left\{g(a+h) - g(a)\right\} = \lim_{h\to 0}\frac{1}{h}\left(\frac{1}{a+h} - \frac{1}{a}\right)$$
$$= \lim_{h\to 0}\frac{1}{h}\frac{-h}{a(a+h)} = \lim_{h\to 0}\frac{-1}{a(a+h)} = -\frac{1}{a^2}.$$

したがって

$$g'(a) = -\frac{1}{a^2} \qquad (5)$$

さて，自動車に乗っている人は，時々刻々変化する速度計の針の動きを，時間の関数とみるだろう。そのことは，最初のたとえに戻れば，自動車の走行を表わす関数 $y = f(x)$ に対し，瞬間，瞬間に，そのときの速さを対応させる対応

$$x \longrightarrow f'(x)$$

を，時間 x の関数と考えることができるということである。

これからの話では，数直線のイメージがますます強くなってくるので，‘実数 x’ という代りに，x を表わす数直線上の点を考えて ‘点 x’ ということも多くなる。

一般に，数直線上で定義された関数 $y = f(x)$ を考えることにしよう。各点 x で，$f(x)$ が微分可能のとき，対応

$$x \longrightarrow f'(x)$$

は，数直線で定義された新しい関数を与えることになる。この関数を，f の導関数といい，f' で表わす。

たとえば，$y = x^n$ の導関数は $y' = nx^{n-1}$ である。また

$$\left(\frac{1}{x}\right)' = -\frac{1}{x^2}$$

$\left(\frac{1}{x}\right.$ は，原点を除いたところで定義されている関数である。$\left.\right)$

導関数については，次のような演算規則が成り立つことが知られ

ている。

(i)　定数 α に対して $(\alpha f)'(x)=\alpha f'(x)$
(ii)　$(f+g)'(x)=f'(x)+g'(x)$
(iii)　$(fg)'(x)=f'(x)g(x)+f(x)g'(x)$

たとえば(iii)は次のようにして証明される。

$$
\begin{aligned}
(fg)'(x) &= \lim_{h\to 0}\frac{f(x+h)g(x+h)-f(x)g(x)}{h} \\
&= \lim_{h\to 0}\frac{\{f(x+h)-f(x)\}g(x+h)+f(x)\{g(x+h)-g(x)\}}{h} \\
&= \lim_{h\to 0}\frac{f(x+h)-f(x)}{h}\,g(x+h)+\lim_{h\to 0}f(x)\,\frac{g(x+h)-g(x)}{h} \\
&= f'(x)g(x)+f(x)g'(x)
\end{aligned}
$$

第3式から第4式に移るときに，$h\to 0$ のとき $g(x+h)\to g(x)$ を用いている。

また，定数関数を微分すると0になることは定義から明らかだが，それを用いると　$1=f\cdot\dfrac{1}{f}$ から

$$0=(1)'=\left(f\cdot\frac{1}{f}\right)'=f'\cdot\frac{1}{f}+f\cdot\left(\frac{1}{f}\right)'$$

これから

(iv)　$\left(\dfrac{1}{f}\right)'=\dfrac{-f'}{f^2}$

が得られる。$f(x)=x$ のときが，前に直接計算で求めた(5)である。

$(x)'=1$ と(iii)を用いると，順次

$$(x^2)' = (x\cdot x)' = (x)'x+x(x)' = 2x$$
$$(x^3)' = (x\cdot x^2)' = (x)'x^2+x(x^2)' = 3x^2$$
$$(x^4)' = (x\cdot x^3)' = (x)'x^3+x(x^3)' = 4x^3$$

が得られ，（厳密には数学的帰納法を用いて）もう一度

$$(x^n)' = nx^{n-1}$$

が確かめられることになる。

これらの公式から，たとえば

$$\begin{aligned}&(5x^4-2x^3+x+6)'\\&\quad = (5x^4)'+(-2x^3)'+(x)'+(6)'\\&\quad = 20x^3-6x^2+1\end{aligned}$$

のように，多項式はいつでも簡単に微分することができる。

また(iii)と(iv)を用いると

$$\begin{aligned}\left(\frac{3x-1}{x^2+2}\right)' &= (3x-1)'\frac{1}{x^2+2}+(3x-1)\left(\frac{1}{x^2+2}\right)'\\&= \frac{3}{x^2+2}+(3x-1)\frac{-2x}{(x^2+2)^2}\\&= \frac{3(x^2+2)-2x(3x-1)}{(x^2+2)^2} = \frac{-3x^2+2x+6}{(x^2+2)^2}\end{aligned}$$

となる。このように有理式もすぐに微分することができる。なお，このような計算のときには，(iii)と(iv)をあわせた

$$\text{(v)}\quad \left(\frac{g}{f}\right)' = \frac{fg'-f'g}{f^2}$$

を知っておく方がよいかもしれない。

なお，三角関数については，次の公式が成り立っている。

$$(\sin x)' = \cos x$$
$$(\cos x)' = -\sin x$$
$$(\tan x)' = \frac{1}{\cos^2 x}$$

ここで，x は弧度（ラジアン）であって，$90°$ が $\frac{\pi}{2}$，$180°$ が π，$360°$ が 2π のように対応している。$\sin x$，$\cos x$ のグラフは下のようである。

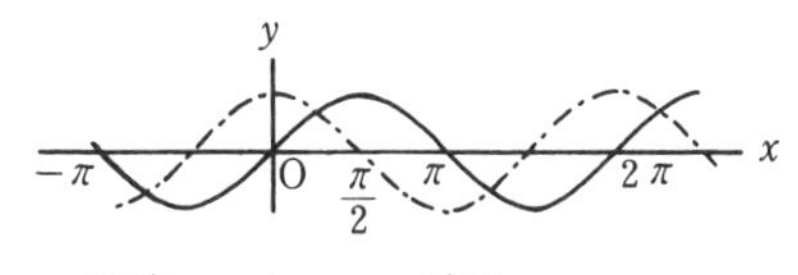

実線 $y=\sin x$　　破線 $y=\cos x$

図35

三角関数については，5日目の旅でもう少し詳しく述べることにしよう。

一 休 み

一休みしましょう。ここでお話した‘瞬間の速度’については，私たちは，ふだん自動車の速度計の針の動きを見なれていますから，それほど異和感はなかったと思います。

しかし，‘瞬間の速度’を，無限に小さい時間で，この間に進んだ無限に小さい走行距離を割って得られた究極の値である，などといってしまうと，‘無限に小さい’とは何か，また，究極の値とは，結局，時間を0におくことではないのか，など急にわからなくなってしまいます。

実際数学史の上では，1680年代，ニュートンが『プリンキピア：自然哲学の数学的原理』を著わしてから100年以上にわたって，微分の概念に隠されている‘無限小’の概念についての懐疑と批判，およびそれに対する論議が続きました。

ボイヤーの『数学の歴史』によると，ニュートンは1676年に発表した微積分に関する3つめの論文の中では，無限に小さい量というような表現はとらずに，‘素で究極的な比’という考えにおきかえようとしたようです。それは次のようなものです。‘xとx^nにおける変化の比を求めてみよう。oをxの増分，$(x+o)^n-x^n$を対応するx^nの増分とする。そのとき増分の比は

$$1:\left[nx^{n-1}+\frac{n(n-1)}{2}ox^{n-2}+\cdots\cdots\right]$$

ここでoをゼロとおくと，素で究極的な比$1:nx^{n-1}$が得られる。’しかし，oをゼロとするとは，何を意味するのでしょうか。そのときは$0:0$を求めていることにならないでしょうか。

ニュートンの『プリンキピア』第1編，第1講の終りには，次のように述べられています（中野猿人氏の訳（講談社版）による）。

> 漸減量には何ら窮極の比というものは存在しないという反論がなされるかもしれない。なぜならば，この比は，その量が零となる以前には窮極のものではなく，またそれが零となれば何もなくなってしまうからである。同じ論法により，ある場所に到達しようとし，そしてそこで停止しようとしている物体は，窮極の速度をもたないということが主張できるかもしれない。なぜならば，物体がその場所に来ない前の速度は窮極の速度ではなく，それが到着してしまえば，それは無くなってしまうからである。しかし，答は容易である。というのは，窮極速度という言葉の意味は，物体がその最後の場所に到着する瞬間，すなわち，運動がやむ以前でもなければ，以後でもなく，それがちょうど到着するその瞬間において物体が動くその速度，つまり，物体がそれをもって最後の場所に到着するその速度であり，またそれをもって運動がやむその速度のことだからである。また同じようにして，漸減量の窮極の比というのは，それが零となる以前でもなければ以後でもなく，それがちょうど無くなるときの量の比のことだと理解されるべきである。

ニュートンが言葉に窮している様子がよく伝わってきます。このような言葉にならない言葉で，ニュートンが彼の思想――流率――を表現しようとすれば，当然，ジョージ・バークリーが1734年に発表した小論文「解析者」のような批判が現われてくるでしょう。バークリーはこの中で次のようにいっています。

そして流率とは何だ？　消失していく増分の速度とは。では，同じように消失していく増分とは何だ？　それは有限な量ではなく，無限に小さい量でもなく，かといって無でもない。それを，去ってしまった量の亡霊といってはいけないだろうか？

このような歴史を見ると，2つの線分の長さの比というような，明確な概念から，比の極限という概念に移行するのに，どれほどの道のりを要したかということがよくわかるのです。

それでは，ニュートンが言葉に窮した部分を，いまの数学ではどのように表現しているのでしょう。19世紀後半のワイエルシュトラスの極限概念の定式化以後，数学者は，関数 $f(x)$ が $x=a$ で微分可能であることを，次のようにいい表わすようになりました。

ある数 A があって，どんな $\varepsilon>0$ をとっても適当な $\delta>0$ をとると

$$0<|h|<\delta \Rightarrow \left|\frac{f(a+h)-f(a)}{h}-A\right|<\varepsilon$$

が成り立つとき，$f(x)$ は $x=a$ で微分可能であるといい，$A=f'(a)$ で表わす.

この定式化で，‘無限小’は一まず消え，その代りに，微積分を大学で習うとき，わからないものの代名詞のようにいわれる，$\varepsilon\delta$-論法が登場してきたのです。

午　後

数直線上で定義された関数 $y=f(x)$ を考えることにしよう。関数 $f(x)$ は各点 x で微分可能であるとする。$x=a$ の近くで，$y=f(x)$ のグラフが上り坂のとき，$f(x)$ は a の近くで増加の状態にあるという。もう少し正確にいうと次のようになる。a を内部に含む区間 $[b, c]$ があって

$$b<x_1<x_2<c$$

をみたす x_1，x_2 に対し，つねに

$$f(x_1)<f(x_2)$$

が成り立つとき，a の近くで $f(x)$ は増加の状態にあるという（図36）。このとき $f(x)$ は区間 $[b, c]$ で単調増加であるともいう。

図36を見ていると，$f(x)$ が a の近くで増加の状態にあれば，$f'(a)>0$ は明らかなことのようにみえる。しかし，実際はこのこ

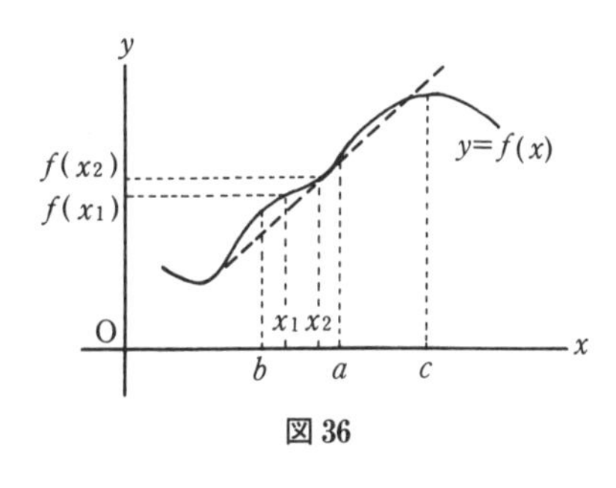

図 36

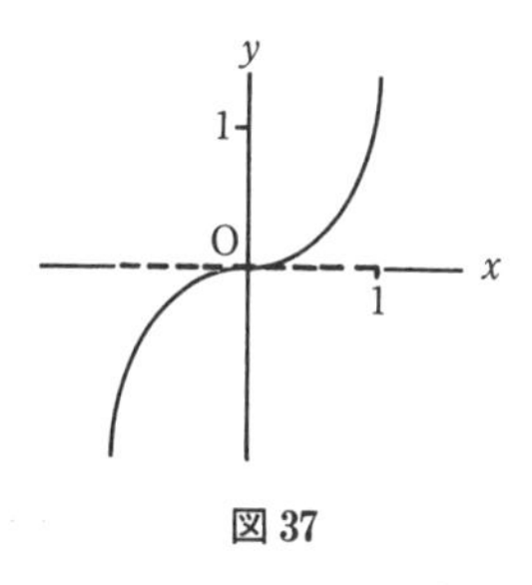

図 37

とは正しくない。図37では $y=x^3$ のグラフを示している。このグラフは至る所上り坂で，つねに単調増加であるが，$y'=3x^2$ だから，原点で導関数の値は0となっている。

$f(x)$ が a の近くで増加の状態になっていれば，h を十分小さくとっておくと

$$h>0 \quad \Rightarrow f(a+h)>f(a)$$

$$h<0 \quad \Rightarrow f(a+h)<f(a)$$

だから，h の正負にわけて $f(a+h)-f(a)$ を h で割ると

$$h>0 \quad \Rightarrow \frac{f(a+h)-f(a)}{h}>0 \qquad (1)$$

$$h<0 \quad \Rightarrow \frac{f(a+h)-f(a)}{h}>0 \qquad (2)$$

となる。しかし，ここで $h\to 0$ とすると，得られる結論は

$$f'(a)\geqq 0$$

までであって，$y=x^3$ の例が示すように，$f'(a)=0$ となることもあるのである（図37）。このようなことが起きるのは，正，負の方向から $h\to 0$ のとき，(1) と (2) の右辺がともに0に近づくことがあるからである。

それでは，逆に

$$f'(a)>0 \qquad (3)$$

と仮定しておくと，$f(x)$ は a の近くで増加の状態にあるといえるだろうか。

このとき，h を十分0に近くとっておくと，h の正，負にしたがって (1) または (2) が成り立つことはすぐにわかる。このことから (3) が成り立つときには，$f(x)$ のグラフは，a の右側では，（少なくとも a のごく近くでは）$f(a)$ より高くなっており，a の左側

では低くなっていることを示している。

しかし，ここは微妙な論点なのだが，(3)を仮定してみても，aの近くで，$f(x)$が増加の状態にある——グラフが上り坂——とは，一般にはいえないのである。このような例は，図38で示しておいた。図38のグラフは，

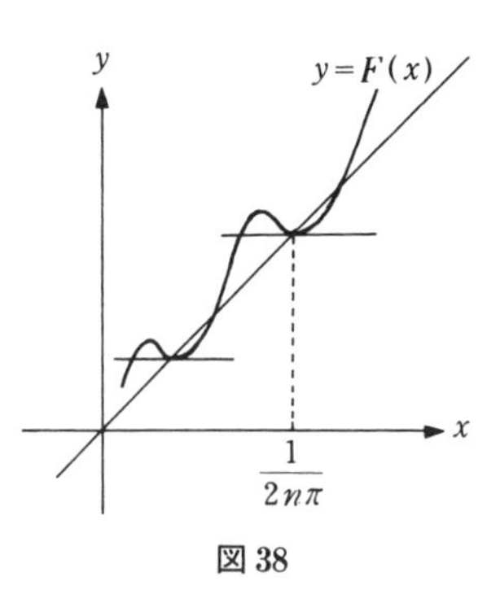

図38

$$F(x) = x + f_2(x)$$

の原点の近くの模様を示している。ここで$f_2(x)$は，午前の話の中で現われた関数である。まず，$F(0) = 0$であって，$x>0$ならば$F(x)>0$，$x<0$ならば$F(x)<0$であることに注意しよう。このとき

$$F'(0) = 1 \qquad (4)$$

であるが，$y = F(x)$のグラフは，上り坂ではなく，上下に細かく波打ちながら，原点に近づいている。

念のため，この場合$F'(x)$を$x \neq 0$のとき計算してみると

$$F'(x) = 1 + 2x \sin\frac{1}{x} - \cos\frac{1}{x}$$

となる。この式からすぐに

$$F'\left(\frac{1}{2n\pi}\right) = 0 \qquad (n = 1, 2, \cdots) \qquad (5)$$

が成り立つことがわかるが，このことは確かに$y = F(x)$のグラフが，無限に波打ちながら0に近づくことを示唆している。実際，

$\frac{1}{2n\pi}$ （$n=1, 2, \cdots$） のところで波が上下している。$n \to \infty$ のとき，$\frac{1}{2n\pi} \to 0$ だから，（4）と（5）を見くらべると，$F'(x)$が原点で不連続のことも，ついでにわかったことになる。

さて，一般の場合に戻ってみると，（3）の仮定だけからでは，$y=f(x)$ が a の近くで増加状態にあると結論することは困難であることがわかった。1 点における導関数の符号は，a の近くのグラフの状況をあまり教えてはくれないのである。

しかし，(3)の代りに，a の近くの x でつねに

$$f'(x)>0$$

が成り立つと仮定するならば，$f(x)$ は a の近くで増加の状態になっていると結論することができる。実際，a を含む区間 $[b, c]$ をとって，定理の形で述べることにすると，次の定理が成り立つ。

【定理 1】 区間 $[b, c]$ に属する各点 x に対し，つねに

$$f'(x)>0 \qquad (6)$$

が成り立つならば，$f(x)$は，区間 $[b, c]$ で単調増加である。

まず，この定理の内容についてコメントを与えておこう。条件（6）は，各点 x で，$y=f(x)$ のグラフの接線が上向きのことを示している。定理は一見自明なことを述べているようである。しかし上に述べた $F(x)$ の原点における状況のようなことを考えると，各点 x で $f'(x)>0$ が成り立つという条件が，$f(x)$ のグラフのつながっていく模様に対して，一体，どれだけのことを述べているか，あまり明らかではないという気分になってくる。そこで定理を

証明してみようと試みてみるが，これがなかなかうまくいかないのである。証明する手がかりが見つからないので，背理法を使ってみようとする。そのため，定理の結論が成り立たないと仮定してみる。ところが，このように仮定しても，いえることは，$[b, c]$ の中に，相異なる２点 x_1, x_2 が存在して

$$x_1 < x_2 \quad \text{であるが} \quad f(x_1) \geqq f(x_2)$$

が成り立つ，だけである。これから (6) と矛盾する結論を導くことは，至難のことのように思える。

定理の難しさは，各点で成り立つ‘極限的な状況’　$f'(x)>0$　から，$[b, c]$ で $f(x)$ が単調増加であるという‘大域的な性質’――直接私たちの眼で見て確かめられる状況――を，いかに導くかにかかっている。したがって，定理を示すためには，微分という $f(x)$ に対する極限的な情報が，どれだけ関数の大域的な情報を私たちに与えているかを明確にしておかなくてはならないだろう。

この要求に答えるものが次の平均値の定理とよばれるものである。

平均値の定理　相異なる任意の２点 a，$a+h$ をとる。このとき，a と $a+h$ の間に適当な点 x_0 が存在して

$$f(a+h)-f(a) = f'(x_0)h \qquad (7)$$

が成り立つ。

したがって，x_0 のあり場所は $h>0$ のときには

$$a < x_0 < a+h$$

であり，$h<0$ のときには

$$a+h < x_0 < a$$

である。

なお，(7) は移項して

$$f(a+h)=f(a)+f'(x_0)h \qquad (7')$$

の形に表わすことも多い。

以下では，説明の簡単のために，$h>0$ の場合に，平均値の定理を述べていくことにしよう。

まず，なぜこの定理を平均値の定理というか，という定理の名前の由来から話を進めてみよう。(7)の両辺を h で割ると

$$\frac{f(a+h)-f(a)}{h}=f'(x_0) \qquad (8)$$

が得られる。いま $y=f(x)$ は，東京を出発して京都へ向かう一台の自動車の運行を表わす関数とする。変数 x は単位を時間で測っており，変数 y は km の単位で測っている。東名高速の御殿場インターを，$x=a$（時）に通り過ぎ，京都にはその後 h 時間たって，$x=a+h$（時）に到着したとする。この自動車の御殿場，京都間の平均時速は，(8) の左辺の

$$\frac{f(a+h)-f(a)}{h}$$

で与えられるだろう。(8)で述べていること，すなわちこの値が $f'(x_0)$ に等しいということは，御殿場通過後 x_0 時間後で走行している，どこかのある地点で，自動車はちょうどこの平均時速に等しい速さで走っているということである。この地点が，静岡あたりなのか，名古屋を通り過ぎてからなのかはわからない。自動車が，御殿場から名古屋までは比較的ゆっくりしたスピードで，名古屋から京都まではスピードをどんどん上げていったとすると，この地点は，静岡あたりではなく，名古屋近辺か，名古屋を過ぎてからなる

だろうと大体予想される。読者は，ここで少し立ち止って，このようないい方の中にひそむ，ある漠然とした感じを捉えられるとよいのである。漠然とした感じは，平均値の定理の中では，'ある点 x_0 で' といういい方で述べられているが，本質的には，この漠然さは，極限的な状況と，大域的状況とを結ぶ情報のつながりの薄さから由来している。

平均値の定理の名前は，このように，(7) を書き直した (8) の左辺が a と $a+h$ の $f(x)$ の平均的な挙動を示していることによっている。大域的な平均値が，(8) の右辺で示してあるように，中間にあるどこかの微分の値で表わされる，これが平均値の定理の内容である。

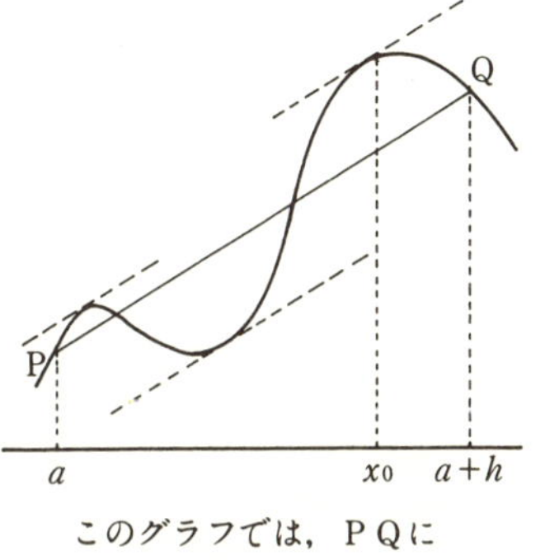

このグラフでは，PQに平行な接線は，3つある。

図 39

グラフでいうと，図 39 で，線分 PQ に平行な接線が，a と $a+h$ の間で引けるということである。

このように，平均値の定理の証明すべき内容が，図 39 で点 x_0 の存在を示すことであることがわかると，私たちは，このグラフを見る視線を変えてみて，もう少し問題のありかを明らかにしようとする。視線を変えると書いたのは，

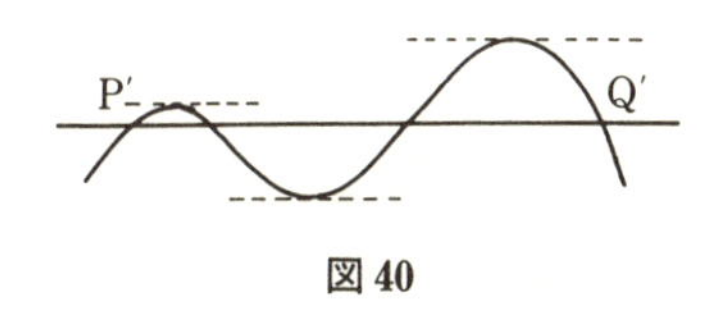

図 40

このグラフを左斜め上に見るように視点をとってみると，PQ は水平となり，線分 PQ が x 座標上に乗っている図 40 が得られる。図

39で線分PQに平行な接線が引ける点は，図40では，x軸に平行な接線が引ける点，すなわち山の頂き，または谷底に達する点があるということになる。

図40のグラフで示されている関数を

$$y = g(x)$$

とおこう。グラフから明らかに

$$g(a) = g(a+h) = 0 \qquad (9)$$

となっている。このようにして，平均値の定理を証明しようと川を溯っていくと，私たちは次の定理を証明すれば十分であるという，いわば平均値の定理の源流に辿りついたことになる。

【定理2】 (9)をみたす$y = g(x)$は，aと$a+h$の間で必ず最大値，最小値をとる。

すなわち$a < x_0 < a+h$をみたす適当な点x_0をとると，$g(x_0)$は最大値をとり，また，$a < \tilde{x}_0 < a+h$をみたす適当な点$\tilde{x}_0$をとると$g(\tilde{x}_0)$は最小値をとる。

この定理の証明は，ここでくわしくは述べないが，まず，ある適当な正数Mが存在して

$$-M \leqq g(x) \leqq M \qquad (a \leqq x \leqq a+h)$$

となることを示す。この証明には，$g(x)$の連続性と実数の連続性を用いる。次に，$g(x)$のグラフを山頂と思い，最大値をとる点（このような点があるかどうかはまだわからないとしても）を目指して，一歩，一歩$g(x)$の値が大きくなっていくような点列$x_1, x_2, \cdots, x_n, \cdots$をとる（図41）。実数の連続性から，この点列の極限値x_0が存在することが示される。x_0は，$g(x)$のグラフが山頂に達す

る点であり，これで$g(x)$は$x=x_0$で最大値をとることが示された。

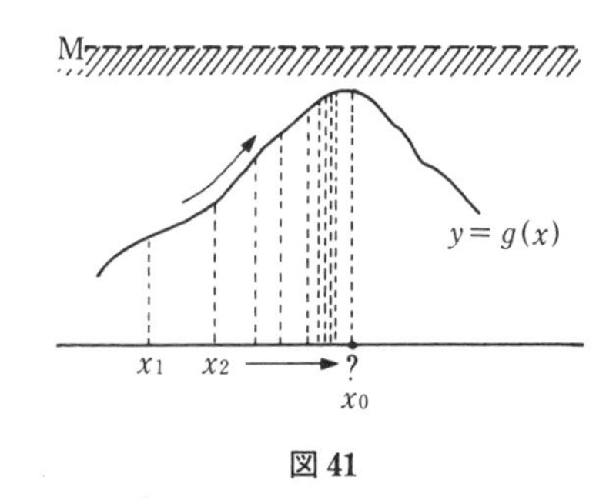

図41

定理2が，このように実数の連続性に基づいて証明されると，上の推論から，平均値の定理も同時に示されたことになる。

平均値の定理が示されると，懸案であった定理1が次のようにして証明されるのである。区間［b, c］で，$f(x)$は至る所

$$f'(x)>0 \qquad (10)$$

をみたしているとする。区間［b, c］に属する任意の2点x_1，x_2をとる。$x_1<x_2$とする。このとき平均値の定理から，あるx_0がx_1とx_2の間にあって

$$f(x_2)-f(x_1)=(x_2-x_1)f'(x_0)$$

が成り立つ。(10)を参照すると，右辺は正のことがわかる。したがって

$$f(x_1)<f(x_2)$$

このことは，$f(x)$が区間［b, c］で単調増加のことを示している。

定理1から次のこともわかる。

> (*)　導関数$f'(x)$が連続であるとする。このとき，ある点aで
>
> $$f'(a)>0$$
>
> ならば，$f(x)$はaの近くで増加の状態にある。

実際，$f'(x)$の連続性から，xがaの十分近くを動くとき，$f'(x)$

の値は，$f'(a)$ のごく近くしか変動しない。したがって，a を中心にして十分小さい区間 $[a-\varepsilon,\ a+\varepsilon]$ をとると，この上では

$$f'(x)>0$$

がつねに成り立つ。したがって，$f(x)$ は $[a-\varepsilon,\ a+\varepsilon]$ 上で単調増加となっている。

ふつう，導関数の符号から，関数の増加の状態を示すのは，この（∗）を用いる。この（∗）も，しかし，時には非常に微妙な感じをもたらすこともある。

いま

$$f_3(x)=\begin{cases} x^3\sin\dfrac{1}{x}, & x\neq 0 \\ 0, & x=0 \end{cases}$$

という関数を考えよう。この関数のグラフは $y=x^3$ と $y=-x^3$ のグラフの間を，無限に波打ちながら，原点に近づいていく。$f_2(x)$ のときと同様の計算で

$$f_3'(0)=0$$

であることはすぐにわかる。また $y\neq 0$ のとき

$$f_3'(x)=3x^2\sin\frac{1}{x}-x\cos\frac{1}{x}$$

となり，$x\neq 0$ で $f_3'(x)$ は連続である。またここで $\left|\sin\dfrac{1}{x}\right|\leqq 1$，$\left|\cos\dfrac{1}{x}\right|\leqq 1$ に注意すると，$x\to 0$ のとき，$f_3'(x)\to 0$ $(=f_3'(0))$ となることもわかる。したがって実は，$x=0$ も含めて，$f_3'(x)$ は至る所連続な関数である。

そこで

$$\tilde{F}(x)=x+f_3(x)$$

とおく。$\tilde{F}'(x)$は連続な関数であって

$$\tilde{F}'(0) = 1$$

である。したがって(＊)により，$\tilde{F}(x)$ のグラフは，原点の近くで増加の状態となっている。

$y = \tilde{F}(x)$ のグラフは，$y = F(x)$(図 38) とごく近い形をしているのだが，今度は，原点に近づく波は，決して上下に振動しないのである。いわば斜めの方向に振動しながら，増加の状態をつねに保って，原点へと近づいていくのである (図 42)。このような例を見ると，微分を用いて増加の状態を判定することも，微妙なことだということがよくわかる。

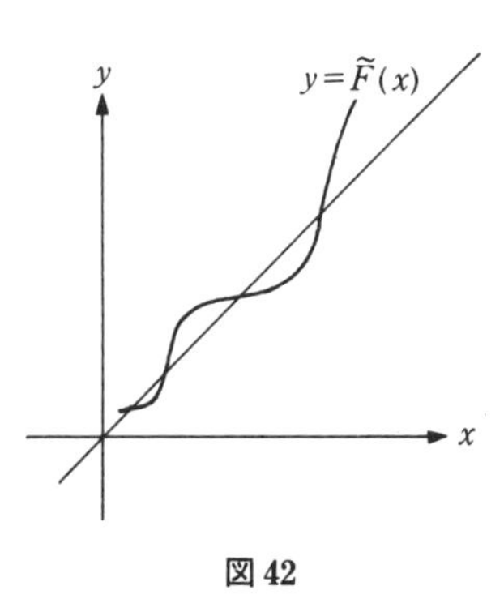

図 42

なお(＊)で，条件 $f'(a)>0$ の代りに，$f'(a)<0$ とおくと，結論は，$f(x)$ は a の近くで減少の状態にある——グラフが下り坂——と変わる。

さて，$f(x)$ の導関数 $f'(x)$ が，各点xでさらにもう一度微分可能のときには，$f'(x)$ の導関数 $f''(x)$ を考えることができる。このようにして得られる $f''(x)$ を $f(x)$ の 2 階の導関数という。そしてこのとき，f は 2 階微分可能な関数であるという。

たとえば，いちばん簡単なとき，すなわち $f(x)$ が x の 2 次関数

$$f(x) = Ax^2+Bx+C$$

のときには

$$f'(x) = 2Ax+B, \qquad f''(x) = 2A$$

となる。このことから少し計算してみると

$$f(a+h) = f(a)+f'(a)h+\frac{1}{2}f''(a)h^2$$

が成り立つことがわかる。

2次関数 $f(x)$ はこのように，ある点 a における $f(a)$ と $f'(a)$ と $f''(a)$ の値がわかると，a から h だけ離れたときの f の値も完全に決まってしまう。

もちろん，関数 $f(x)$ が単に2階微分可能であるだけでは，このようなことは一般には成り立たない。しかし，$f(a)$ と $f'(a)$ の値がわかっているとき，$f(a+h)$ の値が，2階の導関数とどのように関わり合っているかを示す定理はある。いま $f(x)$ は，2階微分可能な関数とする。

【定理3】 相異なる任意の2点 a，$a+h$ をとる。このとき，a と $a+h$ の間に適当な点 x_0 が存在して

$$f(a+h) = f(a)+f'(a)h+\frac{1}{2}f''(x_0)h^2 \tag{11}$$

が成り立つ。

この定理は，(7′)と見くらべると，平均値の定理の1つの拡張となっていることがわかる。この定理の証明は，原理的には，$f'(x)$ に平均値の定理をもう一度適用する考えによるのだが，実際はもう少し数学的な技法を使う。この証明はここでは省略しよう。

(11)で $a+h$ を x とおくと

$$f(x) = f(a)+f'(a)(x-a)+\frac{1}{2}f''(x_0)(x-a)^2$$

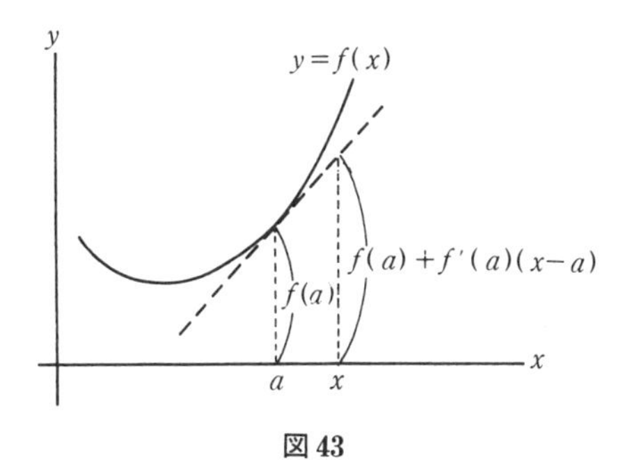

図 43

となる。ここで右辺に現われている

$$f(a)+f'(a)(x-a)$$

は，x の1次関数とみると，a における $f(x)$ の接線の式となっている。したがってもし，

$$f''(x_0)>0$$

のような状況になっていれば

$$f(x)-\{f(a)+f'(a)(x-a)\}>0$$

となる。このことは，$f(x)$の値は，$x=a$ における f の接線より上にあることを示している。このとき，f は，下に凸であるという(図 43)。

したがって，(＊)に対応して，次の(＊＊)が成り立つことが予想されるだろう。

> (＊＊)　2階の導関数 $f''(x)$ は連続であるとする。このとき，ある点 a で
>
> $$f''(a)>0$$
>
> が成り立つならば，$f(x)$ は a の近くで下

に凸となっている。

それでは，$f(x)$から出発して，（可能ならば）次から次へと導関数をとって

$$f(x) \xrightarrow{\text{微分する}} f'(x) \xrightarrow{\text{微分する}} f''(x) \xrightarrow{\text{微分する}} \cdots \xrightarrow{\text{微分する}} f^{(n)}(x)$$

と，n階の導関数まで到達したとき，これに対して，平均値の定理の拡張となるものを見出すことはできないだろうか。もしそのような定理があれば，それははるかに広い適用性をもつに違いない。

実際，平均値の定理や定理3の拡張を与えるような次の定理が成り立つ。ここでは，$f(x)$はn階まで微分可能であるとする。

【定理4】 相異なる任意の2点a，$a+h$をとる。このとき，aと$a+h$の間に適当な点x_0が存在して

$$f(a+h) = f(a)+f'(a)h+\frac{1}{2!}f''(a)h^2+\frac{1}{3!}f''(a)h^3+\cdots+\frac{1}{(n-1)!}f^{(n-1)}(a)h^{n-1}+\frac{1}{n!}f^{(n)}(x_0)h^n$$

が成り立つ。

この定理をテイラーの定理という。ここで！は階乗の記号であって$2! = 2\cdot 1$，$3! = 3\cdot 2\cdot 1 = 6$，…，$n! = n(n-1)\cdot\cdots 3\cdot 2\cdot 1$である。

3階以上の高階導関数の挙動が，$y = f(x)$のグラフの形に直接どのような影響を与えるかは，なかなか一般には読みとれない。したがって定理4に対応するような（＊），（＊＊）の高階微分への一般

化を，適当な命題の形にまとめて述べるのは難しいようである。しかし定理4から，極値に対する1つの判定条件が得られ，それはよく用いられている。それを（***）として述べておこう。今度は $f^{(n)}(x)$ は連続な関数とする。

（***）　$f'(a)=f''(a)=\cdots=f^{(n-1)}(a)=0$ とする。aを内部に含む区間 $[b, c]$ 上で，$f^{(n)}(x)>0$ とする。
　(i)　n が偶数ならば，$f(x)$ は $x=a$ で極小値をとる。
　(ii)　n が奇数ならば，$f(x)$ は $x=a$ で極小値も，極大値もとらない。

実際，定理4と仮定から，h が十分0に近いときに

$$f(a+h)=f(a)+\frac{1}{n!}f^{(n)}(x_0)h^n$$

となる。x_0 のとり方は，h によって変わるが，$f^{(n)}(x)>0$ の仮定から

$$f(a+h)-f(a)$$

の符号は，h^n の符号と一致している。このことから，(i)と(ii)が成り立つことは，すぐに確かめられるだろう。（nが偶数のときには$h^n>0$；n が奇数のときには h が正または負にしたがって，$h^n>0$，$h^n<0$ となる。）

定理4で $x=a+h$ とおいて，右辺に現われる h^{n-1} までの式を，x の式として表わして

$$P_{n-1}(x) = f(a)+f'(a)(x-a)+\frac{1}{2!}f''(a)(x-a)^2$$
$$+\cdots+\frac{1}{(n-1)!}f^{(n-1)}(a)(x-a)^{n-1}$$

とおく。$P_{n-1}(x)$は，x について（$n-1$）次の多項式である。

$f(a) = P_{n-1}(a)$ は明らかであるが，さらに $P_{n-1}(x)$ を順次微分して，$x = a$とおいてみると，結局

$$f(a) = P_{n-1}(a),\quad f'(a) = P'_{n-1}(a),\ \cdots,\ f^{(n-1)}(a) = P_{n-1}^{(n-1)}(a)$$

が成り立つことがわかる。このことを，（$n-1$）次の多項式 $P_{n-1}(x)$は，$x = a$ において，$f(x)$と（$n-1$）次の接触をしているという。

さらに $f^{(n)}(x)$ が連続ならば，aを含む区間［b, c］上で，ある正の定数 M をとると

$$|f^{(n)}(x)| \leqq M$$

が成り立つとしてよい。したがって定理 4 から，区間［b, c］上で

$$|f(x)-P_{n-1}(x)| \leqq \frac{M}{n!}|x-a|^n$$

が成り立つことがわかる。この不等式は，$x \to a$ のとき，$P_{n-1}(x)$ は，$|x-a|^n$ 程度の速さで，急速に$f(x)$に近づいていくことを示している。

一日の旅を終えて

対　話

太郎君　高等学校で微分を習ったときには，微分を定義するところで極限のことを少し学びましたが，あとはもっぱら計算だけで，微分とは何かなど改めて考えてみることもありませんでした。ここでのお話で，微分というものが極限という実に微妙な糸で支えられていることを知りました。しかし，この微妙さは，いわば海底深く隠されているようで，私たちはこのことはふだんはあまり意識せず，平穏な海原で，微分の演算をどんどん行なって，さまざまな結果を導いています。微分のもつこの二面性——概念のもつ深さと，この深さに触れずに演算が自由に行なえるということ——，これをどのように考えたらよいのでしょうか。

無涯先生　いろいろな考えがあると思われるので，一概にはいえないが，微分という演算が簡単にできるのは，極限へ移る過程で，$f(a+h)$ と $f(a)$ の差の一次の近似だけに注目してしまったことによるのだろう。$f(a+h)$ が（$h \to 0$ のとき）$f(a)$ に近づくときに，高位の無限小が絡んで示す複雑さは，すべて極限へ移った段階で切り捨てられてしまった。

あくまで概念のもつイメージ的な説明にすぎないが，微分概念によって，1つ1つの関数は極限の状態ではそれぞれのもつ個性を失なってしまい，接線の傾きで示される無限小の線分と化してしまった。そうすることによって，微分は，関数の個性によらない非常に普遍的な解析の手段を得たともいえる。微分演算のもつ広い自由な適用性はこのことによっている。だが一方，どの関数にも使えるような微分の一般性を得た場所が，極限の状況においてであったということが，微分概念の底知れぬ深さを示しており，したがって微分のことをくわしく知ろうとすると，極限の状況をどうしても覗きこまなくてはいけなくなってくるのである。

太郎君　微分概念に相当するような，強力で普遍的な適用性をもつ解析学の新しい方法が将来誕生することがあると考えておられますか。

無涯先生　現代数学において，微分概念を一般化する試みはいろいろなされているが，それらは微分という考えに含まれる豊かさを示すものであって，何か新しい概念と方法を提起しているというわけではない。微分という考えは，実数概念と，実数の数直線表示に，いわば重り合って密着している。したがって実数という母胎からは，微分概念に代わるようなまったく新しい解析の手段はもう生まれてこないのではないか，と私は漠然と感じている。微分概念が徹底的に批判され，新しい考えが求められるようになるときは，同時に実数概念も批判されるときだろう。そのときには，現在予想もつかないような，新しい数学の形式が登場してくるだろうが，そのようなことが将来起きることがあるのかどうか，予想もつかぬことである。

太郎君　ところで，テイラーの定理を見ていますと，$n \to \infty$ としたらどうなるだろうかと思ってしまいますが。

無涯先生　定理 4 の記述の中ではあまりはっきり述べなかったが，テイラーの定理の右辺最後の項の $f^{(n)}(x_0)$ の中に現われた x_0 は，h によって変わり，その変わり方は複雑である。右辺は，この最後の項を除けば，$(n-1)$ 次式 $P_{n-1}(x)$ なのだから，左辺と見くらべると，$f(a+h)$ で，h がいろいろ動くときの変化の様相は，すべてこの x_0 のとり方に集約されているといってもよいのである。関数 $f^{(n)}(x)$ の挙動は，一般には $n\to\infty$ のとき複雑となる。おまけに $n\to\infty$ のとき，x_0 は今度は n にも従属して変わってくる。このような複雑さはもはや微分の世界では律しきれないのであって，実際，$n\to\infty$ とするとき，ほとんどすべての関数は，テイラーの定理の行く先を見失ってしまう——発散してしまう。ごく特別な関数に限っては，ある区間全体にわたって，一様に $f(x)-P_{n-1}(x)\to 0$ となる。このときには，この区間で $f(x)$ は

$$f(x)=\sum_{n=0}^{\infty}\frac{f^{(n)}(a)}{n!}(x-a)^n$$

と巾級数で表わされることになる。これについては，またあとで（5日目）もう少し述べる機会があると思う。

4日目

測る——積分

杜若（かきつばた）語るも旅のひとつ哉

——芭蕉

午　前

ある所からある所まで歩いたとき，その道のりを測るのに，近ければ歩数を数えても距離はわかるだろうし，少し遠いときは地図を広げて，道の長さを測って，あとは縮尺から本当の距離を割り出すということをするだろう。どちらにしてもふつうは正確な距離は求められなくて，大体の距離を知るだけで満足する。

土地の面積を測るとき，土地の区画が正方形か長方形にきちんと仕切られているときには，縦，横の長さを測るということで面積は求められる。しかし入りくんだ形をした土地や，またたとえば地図を見て長野県の面積を求めようと思っても，これはなかなか求められない。大体の面積を求めることも一般には困難なことになる。

日常的な経験の中では，長さや面積を求めるよりも，むしろ体積の方が比較的求めやすいようである。たとえばボトルの体積はと聞かれれば，中に水をいっぱいに入れて，その水を別の計量つきのコップに移して測ってみるとよいだろう（このときはもちろんボトルの内部の体積を測っている）。しかし，大きな石の体積を求めたいときなどは，こんな方法では測れないから困ってしまう。数学で体積の公式としてよく知られているものには，長方形の体積，半径 r の球の体積 $\left(=\frac{4}{3}\pi r^3\right)$，円錐，角錐の体積などがある。しかし，幾何学的によく整っている立体でも，体積はと聞かれると，すぐには答えられないものもある。たとえば，1辺の長さが1の正3角形を1つの頂点に5個ずつ集めて20個貼り合わせると正20面体(図44)が得られるが，この体積が$(3+\sqrt{5})/4$ということはそれほど知られていない。ついでにいっておくと，1辺が1の正5角形を1つの頂点に3個ずつ集めて12個貼り合わせると正12面体(図44)が得られるが，この体積は$(15+7\sqrt{5})/4$である。

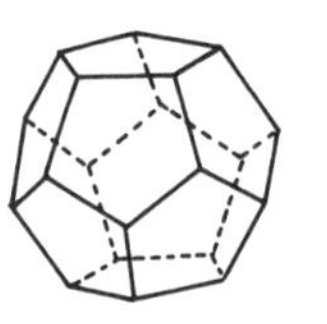

正12面体

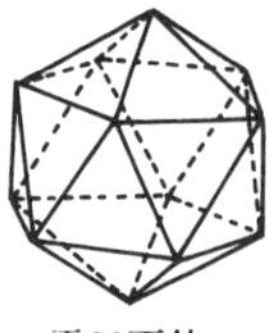
正20面体

図44

私たちのふつうの感じでは，道の長さを測ることと，面積を測ることと，体積を測ることは，ずいぶん違ったことを取り扱っているようにみえる。しかし数学の立場では，これらはすべて1つの統一的な観点——測度——で捉えられている。すなわち，道の長さを測るようなことは，1次元の図形の測度を求めることであり，面積を測るようなことは，2次元の図形の測度を求めることであり，体積を測るようなことは，3次元の図形の測度を求めることであると考える。測度とはあまり聞きなれない言葉かもしれないが，英語'*measure*'の訳であって，長さ，面積，体積などの概念の背景にあって，これらを包括する一般的な概念であると思っているとよい。

曲線の長さを測ろうとするときには，曲線を細かい折れ線で近似して，この折れ線の長さを測ることによって，よい近似値を得ようとする。平面上の図形の面積を求めようとするときには，長方形の細片を，できるだけ細かく重ならないように図形の中に敷きつめて，面積の近似値を求めようとする。3次元の図形の体積を求めようとするときには，細かい'ブロック片'をできるだけ隙間のないように積み重ねて，体積の近似値を求めようとする(図45)。

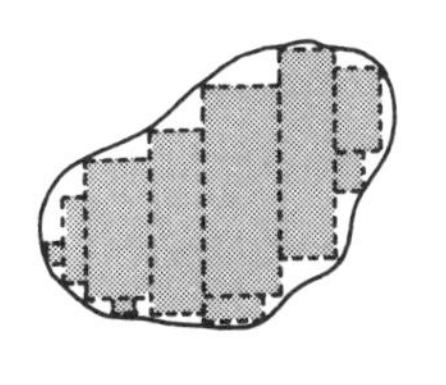
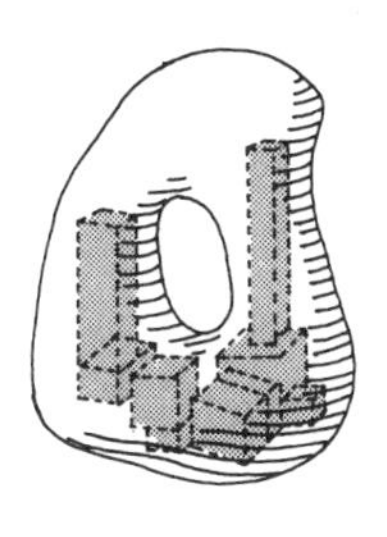

図45

これらにみられる共通な考え方は，簡単な図形——線分，長方形，直方体——を集めて，しだいに複雑な図形を近似して行き，その過程で同時に，長さ，面積，体積の真の値のなるべくよい近似値を求めようとすることである。このように考えると，一般に，長さ，面積，体積などは，たとえ図形に固有な概念であると考えたとしても，このような近似値の極限の値としてはじめて捉えられるものであるということになるだろう。この点を一層明確にすることによって，面積や体積の概念をはっきりさせたいという数学内部の欲求から，実は測度論という数学の分野も誕生したのである。測度論は，積分論とも密接に結びついている。読者は，定積分とは，関数のグラフのつくる面積であったことを思い出されるとよいだろう。

ここまでの話の中で，読者はうすうす察せられたであろうが，面積や体積を考える考えの中には，たとえが適切かどうかわからないが，川の水が——長方形でおおわれた部分が——徐々に増して広い低地へと——境界に近い方まで——広がっていくような感じがある。水は遠くまで広がりながら，ある境界へと少しずつ近づいていく。このような視点から生まれてくる，いわば広い範囲にわたる一様な極限概念は，短い範囲に時間を限って，‘瞬間の速度’を捉えようとした微分の極限概念とは確かに異なっている。

測度，したがってまた積分の概念を育てた土壌は，ナイル川の年ごとの氾濫で，土地の境界が毎年見失われるため，土地の正確な測量を必要とした遠い昔のエジプトや，あるいはもっとさかのぼってチグリス，ユーフラテス川のほとりにあるのかもしれない。いずれにせよ，面積を‘測る’ということは，文明の起源のはるか彼方にあるのだろう。微分概念の中に包みこまれている‘無限小’のような，いつどこで逆理をもたらすかわからぬような不安な感じはここにはなかったのである。このようなことを考えてみても，微分と積分のよって立つ極限の世界が，私たちの意識の中では，まったく別の所で育まれてきたことがわかるだろう。

これからは，この点がなるべく明らかになるように話をしてみたい。しかし，曲線の長さを測ることは少し状況が特殊すぎて，この話題はむしろ積分の中に属すと考えた方がよいようである。また3次元の図形は，図示しにくいし，対象となる図形のイメージがすぐに湧かないことが多いので，説明に適しない点がある。ここでは，平面上の図形の面積を‘いかに測るか’を，中心において道を進んでみることにしよう。

直線上で，1つの線分の長さを測るためには，物差しを考えてみてもわかるように，最初に長さ1の単位を決めて，その長さを規準として測っていくことが必要になる。同じように，平面上の図形の面積を求めるためにも，まず基準となる面積単位を決めておくことが必要となる。そのため平面上に直交座標を1つとっておく。そうすると，各辺が座標軸に平行な，1辺の長さ1の正方形 K を考えることができる。K は適当な実数 a, b によって

$$K = \{(x, y) \mid a \leqq x < a+1,\ b \leqq y < b+1\}$$

と表わされる(図46)。x, y の座標で，左側だけに等号を入れたのは，2つの正方形を辺に沿って貼り合わすときに，重なり目の出ないようにするためである。

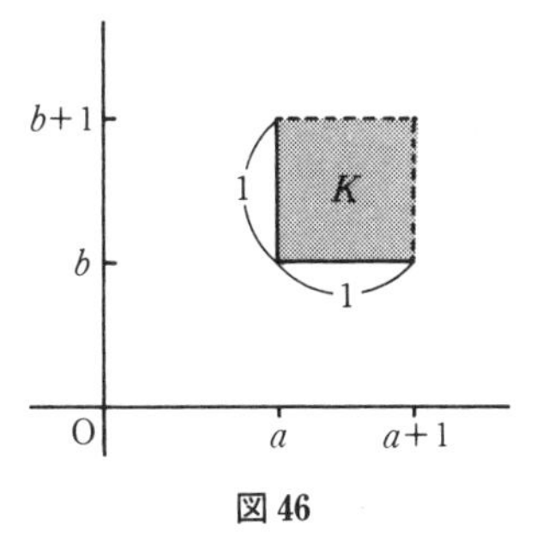

図46

私たちは，面積というものを最初から考え直してみようという立場に立っているから，まず K の面積は1であると定義することにし，そのことを記号で

$$|K| = 1$$

と表わす。

K は面積単位を与えるものである。これを出発点とすると，どの程度一般の図形まで面積の概念が入るかを調べたいのであるが，その前に，言葉づかいを少し考えることと，面積という概念に対して，私たちは何を要請するかをはっきりさせておきたい。

言葉づかいとしては，図形というのは何を指すか明確でないので，一般的な設定を考慮する必要のあるときには，図形の代りに，(平面の) 部分集合ということにする。要するに，平面上の点の集まりを考えるということである。話を簡単にするために，

私たちは以後，有界な部分集合だけを考えることにする。

有界な部分集合というのは，原点を中心にして十分大きな円を描くと，その中に入ってしまうような部分集合のことである。

また面積に対する基本的な要請としては，次のことをおく。S, T は面積をもっているとする。

(★)　S と T に共通点がなければ，S と T

の和集合 $S \cup T$ も面積をもっている。この面積は，S の面積と T の面積の和である。

また，あとの論点を明らかにするために，次の要請もおいておこう。

（★★）　$S \subset T \Rightarrow |S| \leqq |T|$

S の面積を一般に $|S|$ と書くと，この要請は

$$|S \cup T| = |S| + |T|$$

と表わすことができる。

この要請をみたそうとすると，一辺が $\dfrac{1}{n}$ の正方形 $K\left(\dfrac{1}{n}\right)$ の面積は

$$\left|K\left(\frac{1}{n}\right)\right| = \frac{1}{n^2}$$

と定義するのが自然なことであることがわかる。なぜかというと，$K\left(\dfrac{1}{n}\right)$ を碁盤の1ますと思って，$n \times n$（$= n^2$）の碁盤を考えると，これはちょうど，単位正方形 K となるからである。

次に，縦，横がそれぞれ有理数の長さ

$$a = \frac{p}{m}, \qquad b = \frac{q}{n}$$

で与えられている長方形 I の面積を

$$|I| = ab = \frac{pq}{mn}$$

で定義する。このよく知っている定義が自然なことも，（★）の要請からでる。

なぜなら，m，n の最小公倍数を l とすると

$$l = mm', \qquad l = nn'$$

と表わされ，

$$a = pm'\frac{1}{l}, \qquad b = qn'\frac{1}{l}$$

となる。この式は，$K\left(\frac{1}{l}\right)$を$pm' \times qn'$基盤のます目に敷きつめると，$I$が得られることを示している。したがって（★）の要請にしたがうように，Iの面積$|I|$を定義しようとすると

$$|I| = pm' \times qn' \times \left|K\left(\frac{1}{l}\right)\right| = pm' \times qn' \times \frac{1}{l^2} = \frac{pm'}{l} \times \frac{qn'}{l}$$

$$= \frac{pm'}{mm'} \times \frac{qn'}{nn'} = \frac{p}{m} \times \frac{q}{n} = ab$$

とおくことが自然なことになるのである。

一般に，縦，横の長さが（必ずしも有理数とは限らない）a，bの長方形の面積を

$$|I| = ab \qquad (1)$$

と定義する。任意の実数a, bは有理数で近似されるから，この定義はまた（★★）の要請からの自然の帰結と考えるのである。

もっとも，あとのことを考えて，この点をもう少していねいに説明すると次のようになる。いま，例として$a = \sqrt{2}$，$b = \sqrt{3}$をとることにする。このとき，有理数列$\{r_1, r_2, \cdots\}$，$\{s_1, s_2, \cdots\}$および，$\{r_1', r_2', \cdots\}$，$\{s_1', s_2', \cdots\}$が存在して

$$r_1 < r_2 < \cdots < r_n < \cdots < \sqrt{2} < \cdots < s_n < \cdots < s_2 < s_1$$

$$r_1' < r_2' < \cdots < r_n' < \cdots < \sqrt{3} < \cdots < s_n' < \cdots < s_2' < s_1'$$

$$\lim r_n = \lim s_n = \sqrt{2}$$

$$\lim r_n' = \lim s_n' = \sqrt{3}$$

が成り立つ。縦，横の辺の長さがr_n，r_n'の長方形を$I(r_n, r_n')$と

表わし，辺の長さが s_n, s_n' の長方形を $I(s_n, s_n')$ と表わし，長方形の辺をそろえて中心を同じにとっておくと

$$I(r_n, r_n') \subset I \subset I(s_n, s_n') \qquad (2)$$

である。$I(r_n, r_n')$ は，I の内部から増加しながら I に近づく，辺の長さが有理数の長方形の列である。$I(s_n, s_n')$ は外から，減少しながら I に近づいている (図 47)。

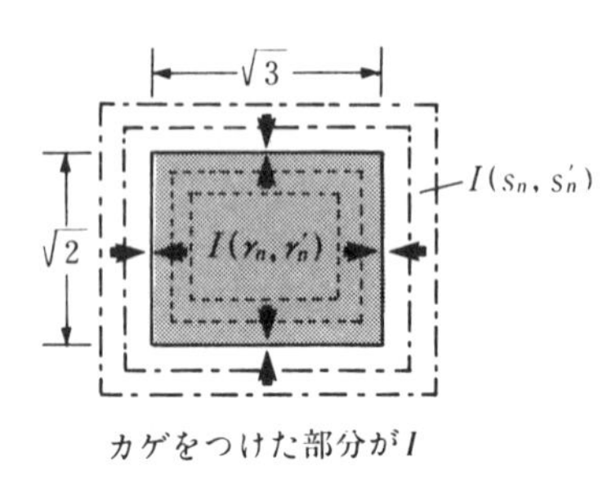

カゲをつけた部分が I

図 47

面積を考えると

$$|I(r_n, r_n')| = r_n r_n' \longrightarrow \sqrt{2}\sqrt{3} \qquad (n\to\infty)$$
$$|I(s_n, s_n')| = s_n s_n' \longrightarrow \sqrt{2}\sqrt{3} \qquad (n\to\infty)$$

したがって，(I が面積をもつことは自明なこととして) (2) 式に (★★) を適用して

$$r_n r_n' \leqq |I| \leqq s_n s_n',$$

ここで $n\to\infty$ とすると

$$|I| = \sqrt{2}\sqrt{3}$$

となる。これが (1) の根拠である。

このことは，長方形の面積でさえも，単位正方形 K の面積を基礎にとって決めていこうとすると，一般には近似の考えが必

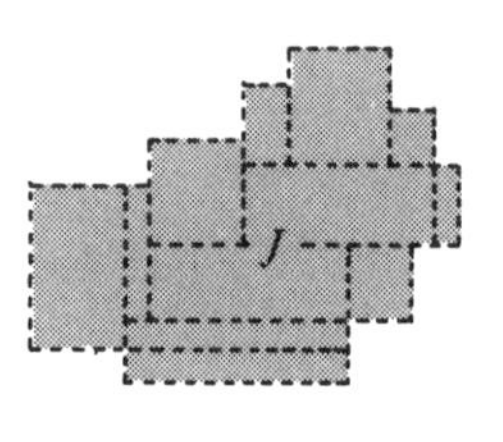

図 48

要になることを示している。

さて，図48で示してあるような，長方形を有限個集めて得られる集合 J にも，（★）から面積があることがわかり，この面積は1つ1つの長方形の面積の和になっている。

そこで，上の近似と同様な考えを，このような集合 J を基礎にとって，もう一度用いてみると次のようなことになる。

ある集合 S が，長方形の有限和の集合の系列によって，内側と外側から

$$J_1 \subset J_2 \subset \cdots \subset J_n \subset \cdots \subset S \subset \cdots \subset J_n' \subset \cdots \subset J_2' \subset J_1'$$

と挟まれているとする（図49）。もしここで

$$\lim |J_n| = \lim |J_n'|$$

が成り立っているならば，私たちは，集合 S もまた面積があると考えて

$$|S| = \lim |J_n| = \lim |J_n'|$$

とおくことは，ごく自然なことだろう。

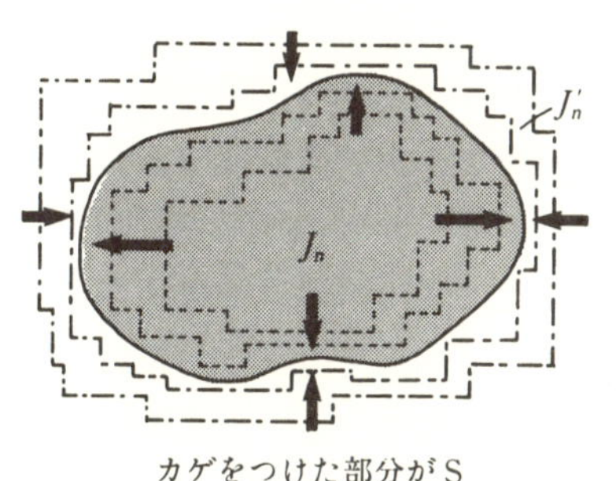

カゲをつけた部分がS

図49

「平面上の図形で面積をもつと考えられるのはこのような集合であり，面積は，長方形の面積の和の内側と外側から近づく共通の極

限として得られる。」昔から漠然と考えられていた面積概念に対し，このような形で，数学的な立場から‘面積とは何か’を明らかにしたのは，19世紀後半，フランスの数学者ジョルダンであった。

これから私たちも，平面上で面積をもつ集合というときには，ジョルダンと同じ立場に立つことにしよう。面積をもつ集合に対して（★），（★★）は明らかに成り立つ。本質的には同じことであるが，（★）は次の有限加法性という形で引用されることも多い。

有限加法性　共通点のない集合 S_1, S_2, $\cdots$, S_n が面積をもつならば，和集合 $S = S_1 \cup S_2 \cup \cdots \cup S_n$ も面積をもつ集合であって

$$|S| = |S_1| + |S_2| + \cdots + |S_n|$$

が成り立つ。

数直線上で定義された有界な関数 $y = f(x)$ を考えよう。簡単のため

$$f(x) \geqq 0$$

と仮定しておく。座標平面上でこの関数のグラフを描き，x が区間 $[a, b]$ の点を動くときのグラフの挙動に注目することにしよう。注目するといっても，微分を考えたときのように，各点 x にまず焦点を合わせ，その点のごく近くの関数の動きを注視しようとする見方もある。ここではその見方とはむしろ正反対の，グラフを遠望するような視点に立って見てみたいと思う。

そうすると，a から b までの間，グラフが大きく波打っている模様が眼に入る。私たちはこれを山の稜線を眺めているような気分で見ることにしよう。ということは，この稜線の下にある山の部分，

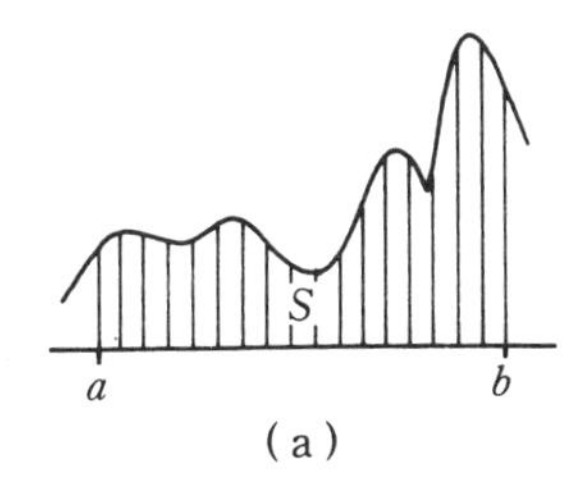

(a)

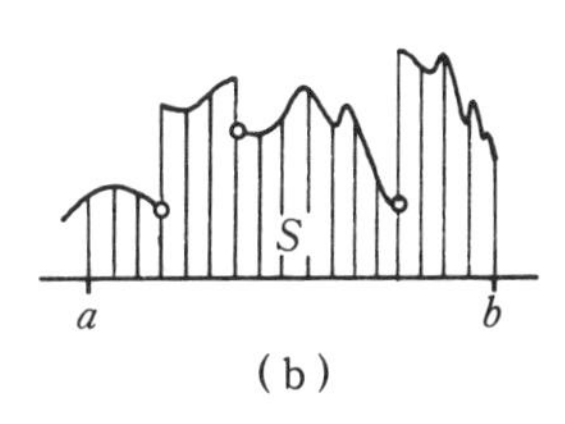

(b)

図50

すなわち，グラフと x 軸と，両端 $x=a$，$x=b$ で限られた図形 S にも眼を向けることにしようということである。

図50で，縦線をつけてある部分が考えようとする図形 S である。(a) は関数 $f(x)$ が連続の場合に描いてあり，(b) は関数 $f(x)$ が不連続の場合に描いてある。

S は面積をもつ場合と，面積をもたない場合とがある。S が面積をもつとき，$y=f(x)$ は，区間 $[a, b]$ で積分可能であるといい，面積 $|S|$ のことを

$$\int_a^b f(x)\,dx \qquad (3)$$

と書く。数学では，単に積分可能といわずに，リーマン積分可能というい方をすることも多い。(積分可能の定義には，別にルベーグ積分可能という定義もあるからである。) そして (3) を，関数 $f(x)$ の a から b までの定積分という。関数 $f(x)$ に対して (3) の値を求めることを，$f(x)$ を a から b まで積分するという。

次のことが知られている。

(i) $f(x)$が積分可能のとき，(3) は

$$\lim_{n\to\infty}\sum_{k=1}^{n} f\left(a+\frac{k}{n}(b-a)\right)\frac{b-a}{n}$$

として表わされる。

(ii) $f(x)$ が $[a, b]$ で積分可能ならば，$a \leqq c < d \leqq b$ をみたす c，d をとると，$[c, d]$ 上でも $f(x)$ は積分可能である。

(iii) $f(x)$ が $[a, b]$ で連続ならば，$f(x)$ は積分可能である。

実際は (iii) はもう少し一般にしても成り立つのであって，有界な関数 $f(x)$ が有限個の点で図 50 (b) のように不連続点があっても，$f(x)$ はやはり積分可能である。私たちがふつう取り扱う関数は，連続関数か，不連続点があってもせいぜい有限個しか現われない関数だから，関数 $f(x)$ に対していつでも定積分 (3) を考えることができると思っていても，それほど大きな混乱を起こすようなことはないだろう。

面積の有限加法性に対応することは次のような結果になる。

(iv) $[a, b]$ の間に分点

$$a < c_1 < c_2 < \cdots < c_{n-1} < b$$

をとる。このとき

$$\int_a^b f(x)\,dx = \int_a^{c_1} f(x)\,dx + \int_{c_1}^{c_2} f(x)\,dx + \cdots + \int_{c_{n-1}}^{b} f(x)\,dx.$$

グラフを見る視点が，微分する場合と，積分する場合とでは全然違うのだから，微分と積分をつなぐ糸など，どこにも見当たらない

ようにみえる。しかしニュートンとライプニッツは，微分と積分との間に成り立つある基本的な関係を発見した。これからそれを説明してみることにしよう。

説明の便宜上，まず結果を先に書いてしまう。

【定理】 $f(x)$ を $[a, b]$ で連続な関数とする。$a \leqq x \leqq b$ に対して

$$S(x) = \int_a^x f(x)\,dx \qquad (4)$$

とおく。このとき

$$S'(x) = f(x)$$

が成り立つ。

〔注意〕 (4) の右辺には，x が3つも登場して少し読みにくいかもしれない。要するに a から x までの $f(x)$ のグラフのつくる面積である。

この定理がどのような考えで示されるかを，関数 $y = f(x)$ は，自動車の速度を表わしている関数であると思って，説明してみることにしよう。したがって x は出発からの時間であり，y は，x という時間における速度計の針が示す目盛りを示している。

いま，出発してから，3時間たって，自動車は時速85 kmでその後1時間，等速運転をしていたとする。自動車の速度計の針は，その間85のところを指し示したまま少しも動かないとするのである。図51で，このときの $y = f(x)$ のグラフの様子を示してある。(定理との対応を明らかにするため，図に a, b も記入しておいた。)

等速運転をしているときには，ある時間の間にどれだけ進んだかは，すぐに求められる。それは基本的な関係

$$\text{速度} \times \text{時間} = \text{走行距離} \qquad (5)$$

が成り立つからである。たとえば今の場合，出発後 3 時間 10 分から 3 時間 30 分までの 20 分間に進んだ距離は

$$85\times\frac{20}{60} = 85\times\frac{1}{3} \fallingdotseq 28.3\,(\mathrm{km}) \qquad (5)'$$

である。注意することは，図 51 のグラフ上では，この 28.3 という値は，（縦方向と横方向を測る長さの単位を図では等しくとってないが）ちょうど斜線部分の長方形の面積となっていることである。面積が，まったく思いがけない所に登場してきた！

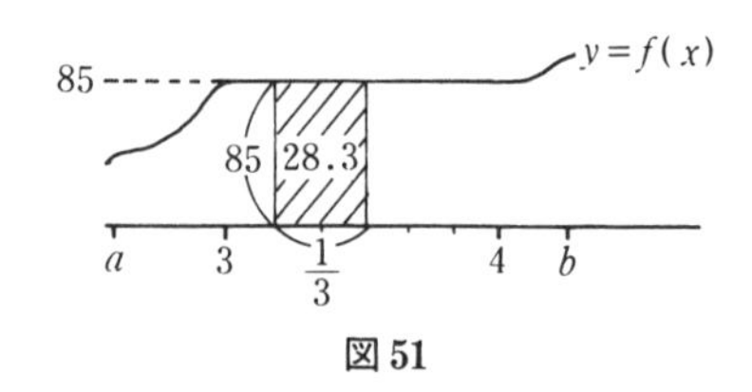

図 51

$f\left(3\frac{1}{6}\right) = 85$　だから，(5)′ をこのように面積を示す関係であると思って，グラフを見ながら少し大げさに書くと

$$f\left(3\frac{1}{6}\right)\times\frac{1}{3} = S\left(3\frac{1}{6}+\frac{1}{3}\right)-S\left(3\frac{1}{6}\right) \qquad (6)$$

となる。右辺の関数 $S(x)$ は，(4) で積分を用いて定義してある。x までのグラフの面積を示す関数である。したがって (6) の右辺は $x = 3\frac{1}{6}$ から $x = 3\frac{1}{6}+\frac{1}{2}$ の間のグラフの面積を示している。

ところが，実際には自動車が走っているとき，1 時間も速度計の針がじっと 85 で動かないなどということはない（もしそんなことがあれば故障である）。現実の速度計の針の変化は，アクセルやブレーキの間断ない操作で，図 52 のグラフで示されるような，波打つ形で表わされるだろう。しかし，3 日目の話のときにも述べたように，時間のごく短い範囲では，速度計の針は，一定のところを指していると考えてよいだろう。このことは，h を十分に 0 に近い数

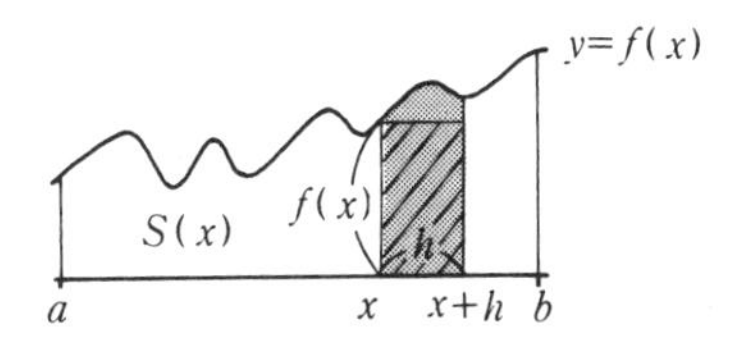

カゲをつけた部分の面積$=S(x+h)-S(x)$
斜線をつけた部分の面積$=f(x)\times h$

図52

とすると，時間xから$x+h$までの間，自動車は，ほぼ速度$f(x)$で等速運転をしていることを示している。したがって速度を走行距離の基本関係(5)が，等速運転のときは(5)$'$を経由して(6)の形に表わされたように，同様の状況は，ほぼ時間xと$x+h$の間に成り立つと考えてよい。すなわち近似式

$$f(x)\times h \fallingdotseq S(x+h)-S(x)$$

が成り立つ。この近似式の意味するものは，図52からも読みとれるだろう。右辺はグラフのカゲをつけた部分の面積であり，左辺はその上辺を平らにして近似したものである。

この両辺をhで割って，左辺と右辺をとりかえてみると，近似式

$$\frac{S(x+h)-S(x)}{h} \fallingdotseq f(x)$$

が得られる。ここで$h\to 0$とすると極限では等号が成り立って

$$\lim_{h\to 0}\frac{S(x+h)-S(x)}{h}=S'(x)=f(x)$$

となる。このことは，定理が成り立つことを示している。

なお

$$S(x) = \int_a^x f(x)\,dx$$

という関数をもう一度見てみると

$$S(a) = 0, \qquad S'(x) = f(x)$$

という性質をもっていることがわかった。$S(x)$ を，時間 x で微分すると，自動車の速度 $f(x)$ が得られるのだから，$S(x)$ は自動車の走行距離を示す関数にほかならないことがわかる。$S(a) = 0$ という式は，$x = a$ のときの地点を出発点として，そこから測った走行距離が $S(x)$ であることを示している。

すなわち，走行距離を表わす関数は時間で微分すると，速度が得られるが，速度を表わす関数を積分すると，今度は逆に走行距離が得られるのである。微分と積分はこの意味で，はっきりと互いに逆の関係になっている。

一 休 み

一休みしましょう。日常的な感じでは，図形があれば，その図形の面積も決まっていると考えます。たとえば最初に半径 r の円の面積が πr^2 だということを習ったとき，だれでも，そもそも一体円の面積とは何か，ということは考えてもみません。その意味では，ここでの面積の話は，少しまわりくどいと感じられたかもしれません。しかし，数学者はこのようによくなれ親しんでいる概念にも注意を向けるのです。

実際，ここで見たように，面積概念は極限概念を内蔵していますから，それは決してやさしい概念であるとはいえないのです。極限概念を含むようなことは，背景に無限の世界が広がっていることを意味していますから，このような概念を明確にし，十分な理解のもとで取り扱えるようにすることは，やはり数学の仕事であるといってよいのです。最後に述べた微分と積分との関係も，極限概念を軸として回る回り舞台の上で演じられたようなもので，円の面積がπr^2であると習った頃には，予想もできないような視点を私たちに与えています。

面積が極限概念に支えられていることを知ると，ここで述べたような極限操作では，面積が測れないような複雑な図形はあるのだろうかということが問題となってきます。そのような図形はたくさんあります。大体の感じでは，平面にある無限の点が円のように１つにきれいにまとまっているときは面積がありますが，いわば無限の点が勝手にばらばらに散在して，それらが１つにまとめられて図形をつくっているときには，面積をもたないことが多いのです。図形自身が，ある意味で無限の複雑さを示すようになると面積が測られないのです。

いちばんよく引き合いに出される例は次のようなものです。

座標平面上で１辺の長さが１の正方形

$$\tilde{K} = \{(x, y) \mid 0 \leqq x \leqq 1,\ 0 \leqq y \leqq 1\}$$

の中で，座標

x も y も有理数

の全体を S とします。S は $\widetilde{K}$ に含まれる有理点全体のつくる集合です。このような S が想像しにくければ，$\widetilde{K}$ を水面と思い，S をその水面を構成している酸素原子からなると思うとよいのです。S に属しない点は水素原子であると考えることになります。

この S には，面積がありません。S の内部に完全に含まれている長方形をいくつかとって，内側からまず S の面積を測っていこうとしても，大きさのある長方形のますでは，水をすくい取ってしまって，酸素原子だけを分離して取り出すわけにはいきません。ですから S の内部に完全に含まれている長方形といえば，有理点 1 点だけからなる，辺の長さ 0 の長方形だけです。このような長方形の面積は 0 であり，したがってまたそれを有限個集めたものも面積は 0 となります。このことは，Sを内部から測ろうとすると，測定結果はつねに 0 ということになることを意味します。

今度は S を外部から測るために，有限個の長方形で S を完全におおってしまいます。このときこれらの長方形は，酸素原子と水素原子を分離できませんから，結局水面全体 $\widetilde{K}$ をおおってしまうでしょう。このことから，外部から S の面積を測ろうと試みると，この面積はつねに 1 以上になってしまいます。すなわち，S は，内側と外側からはさんで，1 つの同じ面積の値を絞り出していくというわけにはいかないのです。このことは，S は面積をもたないことを示しています。

午前の最後に述べた微分と積分の基本関係：

$f(x)$ が $[a, b]$ で連続ならば

$$S(x) = \int_a^x f(x)\,dx \qquad (1)$$

の導関数 $S'(x)$ は，$f(x)$ に等しいから，話をはじめていこう。

まず次のことを示しておく必要がある。

> 区間 $[a, b]$ 上で定義された微分可能な関数 $F(x)$，$G(x)$ に対して，$F'(x) = G'(x)$ が成り立つならば，適当な定数 C が存在して
>
> $$F(x) = G(x) + C$$
>
> が成り立つ。

これは平均値の定理（3日目，午後）から導くことができる。実際，

$$H(x) = F(x) - G(x)$$

とおくと，$H'(x) = (F(x) - G(x))' = F'(x) - G'(x) = 0$．したがって平均値の定理から，任意の $x = a + h$ に対して

$$H(x) - H(a) = 0$$

となり，$H(x) = H(a)$ である。$C = H(a)$ とおくと $F(x) = G(x) + C$ となることがわかる。

いま，区間 $[a, b]$ 上で定義された連続関数 $f(x)$ に対し

$$F'(x) = f(x) \qquad (2)$$

をみたす関数 $F(x)$ が，何らかの方法で見つかったとする。(1) で与えられた $S(x)$ も $S'(x) = f(x)$ をみたすのだから，$F'(x) = S'(x)$ が成り立つ。したがって上の命題から，適当な定数 C をとると

$$S(x) = F(x) + C \qquad (3)$$

が成り立つ。$S(a) = 0$ のことに注意すると，

$$0 = S(a) = F(a) + C$$

となり，したがって定数 C は

$$C = -F(a) \qquad (4)$$

と表わされる。

(1)，(3)，(4) をまとめて，$x = b$ の場合に表わすと，公式

$$\boxed{\int_a^b f(x)dx = F(b) - F(a) \qquad (5)}$$

が得られた。これを微積分の基本公式という。この右辺を $F(x)|_a^b$ と表わすこともある。

この基本公式が，いかに強力なものかは，少し使ってみるとすぐにわかることである。

たとえば n が自然数のとき

$$(x^{n+1})' = (n+1)x^n$$

のことは知っている。したがって

$$x^n = \frac{1}{n+1}(x^{n+1})'$$

この式は，(2) で $f(x) = x^n$ のとき，$F(x)$ が

$$F(x)=\frac{1}{n+1}x^{n+1}$$

で与えられていることを示している。したがって (5) から，たとえば $a=2$，$b=3$ にとると

$$\int_2^3 x^n\,dx=\frac{1}{n+1}(3^{n+1}-2^{n+1})$$

となることを示している。このようにして $y=x^n$ のグラフのつくる面積が，‘一瞬のうちに’求められてしまうのである。

同じように

$$(\cos x)'=-\sin x$$

のことを知っている。この式は右辺から左辺へと読んでみると，(3) で $f(x)=\sin x$ のとき，$F(x)$ は $-\cos x$ で与えられることを示している。したがって (5) から

$$\int_0^{\frac{\pi}{2}}\sin x\,dx=-\cos\frac{\pi}{2}-(-\cos 0)=0-(-1)=1$$

このことは，図 53 (a) のグラフでカゲのつけられている部分の面積が 1 であることを示している。

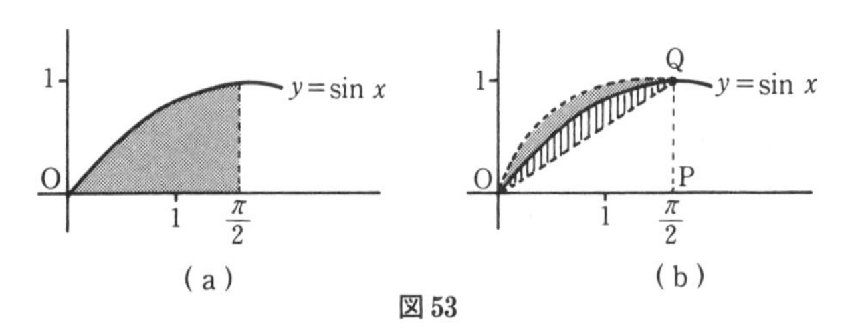

(a)　(b)

図 53

しかし，この面積を求めただけでは，少し物足りないかもしれない。図 53 (b) で，三角形 OPQ の面積は，大体 0.785 である。したがって，縦線を記してある部分の面積は

$$1-0.785=0.215$$

くらいである。

一方，図 53 (b)で $\sin x$ の上に点線で記してある曲線は，Q を頂点とする 2 次曲線

$$y=-\frac{4}{\pi^2}x(x-\pi)$$

である。

$$-\int_0^{\frac{\pi}{2}}\frac{4}{\pi^2}x(x-\pi)\,dx=-\frac{4}{\pi^2}\left(\frac{x^3}{3}-\frac{\pi}{2}x^2\right)\Big|_0^{\frac{\pi}{2}}\fallingdotseq 1.047$$

したがって，図 53(b) でカゲをつけてある部分の面積は

$$1.047-1=0.047$$

くらいであることがわかる。

このようなことは，積分の演習問題にすぎないのであるが，しかし積分について大切なことも示唆している。私たちは，図 53(b) を見て，縦線をつけてある部分にくらべて，カゲをつけてある部分はずいぶん薄く小さいと思う。しかし，そのように見ているのは，0 から $\frac{\pi}{2}$ までのグラフを眼で追って，全体の形を見ているからである。いわば，0 から $\frac{\pi}{2}$ に至るまでのグラフの平均的な挙動を一望の下に俯瞰しているからである。上の積分の結果を用いれば，この全体の眺めを，1 つの量として取り出すことが可能となる。たとえばカゲのついた部分の面積は，縦線のついた部分の面積の $\frac{1}{5}$ 程度であることを教えてくれる。微分を用いる限りでは，このようなグラフの全体にわたる情報は得られなかったのである。

面積概念から出発して，関数の定積分の概念を得たのだが，このような例を見ていると，定積分

$$\int_a^b f(x)dx$$

は，関数 $y = f(x)$ の a から b までの変動の模様について，ある平均的な情報を与えている量であるという考えが，しだいに明確になってくる。

積分は，図形の面積を測っていると考えるよりは，関数の変動の平均的な様子を測っていると考える方が，はるかに広い世界へと適用されていくのではないだろうか。

このような動機に支えられて，この方向へ少し進んでみようとすると，今まで面積との関連で，$f(x) \geqq 0$ と仮定してきた制限を外さなくてはならない。

一般に，任意の関数 $f(x)$ は，グラフが x 軸の上にある部分と，x 軸の下にある部分に注目することによって（図 54）

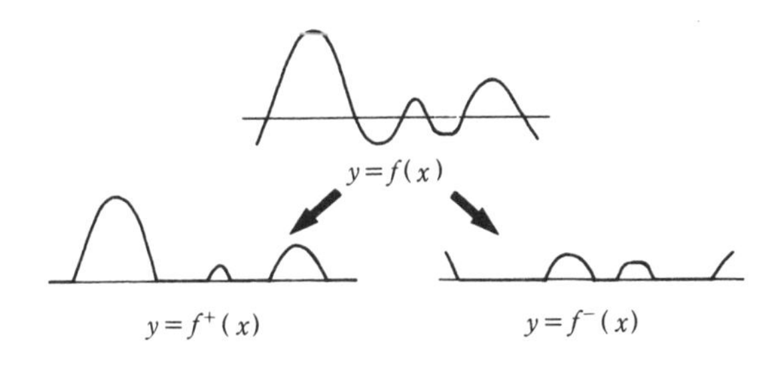

図 54

$$f(x) = f^+(x) - f^-(x)$$

と一意的に分けることができる。正確には

$$f^+(x) = \max(f(x),\ 0),$$
$$f^-(x) = \max(-f(x),\ 0)$$

である。$f^+(x) \geqq 0$，$f^-(x) \geqq 0$ のことに注意しよう。このとき

$$\int_a^b f(x)\,dx = \int_a^b f^+(x)\,dx - \int_a^b f^-(x)\,dx$$

と定義する。要するに，グラフがx軸より下にある部分は，面積に符号マイナスをつけることにする，ということである。

これからはさし当り，考える関数は区間$[a, b]$で連続な関数とする。そのとき，積分の線形性といわれる次の基本的な性質が成り立つ。

（＊）　任意の実数α, βに対し

$$\int_a^b (\alpha f(x) + \beta g(x))\,dx = \alpha\int_a^b f(x)\,dx + \beta\int_a^b g(x)\,dx$$

また次の意味で，積分は関数の大小関係を保っている。

（＊＊）　区間$[a, b]$で$f(x) \leqq g(x)$とする。このとき

$$\int_a^b f(x)\,dx \leqq \int_a^b g(x)\,dx$$

さて，積分$\int_a^b f(x)\,dx$の値が，$f(x)$の区間$[a, b]$全体にわたる変動の様子を，ある意味で測っているとするならば，今後は2つの関数$f(x)$，$g(x)$をとったとき，区間$[a, b]$にわたる$f(x)$と$g(x)$の変動の違いを，積分を用いて測ってみたらどうなるだろうかと考えてみることは，ごく自然なことになるだろう。

このような考えに導かれて

$$\|f-g\| = \int_a^b |f(x)-g(x)|\,dx \qquad (6)$$

とおく。図55のグラフでは，$\|f-g\|$はカゲのつけてある部分の面積である。この図からも察せられるように，$f(x)$と$g(x)$が区間

$[a,b]$ にわたってごく近い値をとっているならば，$\|f-g\|$ は小さい値となる。

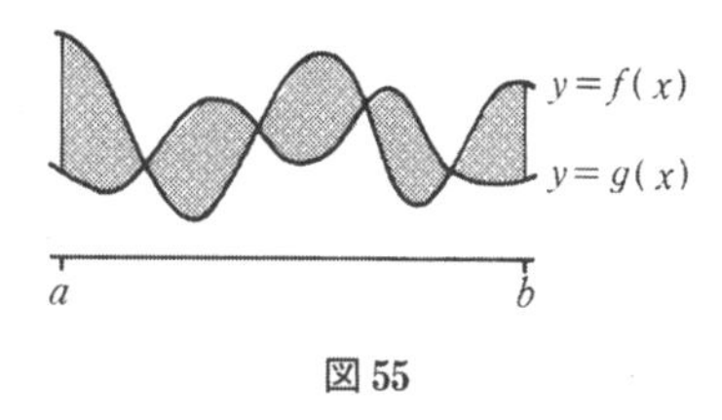

図 55

このことは（＊＊）を用いて，もう少し正確に述べることができる。すなわち，たとえば

$$|f(x)-g(x)| \leqq \frac{1}{100}$$

がつねに成り立っているとすると，（＊＊）から

$$\|f-g\| = \int_a^b |f(x)-g(x)|\,dx \leqq \int_a^b \frac{1}{100}\,dx = \frac{1}{100}(b-a)$$

となる。

それでは逆に $\|f-g\|$ が十分小さい値となるときには，$f(x)$ と $g(x)$ の値はつねに近くにあって，したがって g のグラフは f のグラフのごく近くを通っているといえるだろうか。しかし，それは一般には正しくない。たとえば図 56 に描かれている 3 つの関数 f, g, h のグラフを見てみよう。$h(x)$ のグラフは，$x=c$ のあたりで大きな値をとっているが，ここでのグラフの面積は極端に小さいから，全体としてみれば

$$\|f-h\| < \|f-g\|$$

となっている。‘平均的な挙動’ で見る限り，h の方が g より f に近いといってよいのである。

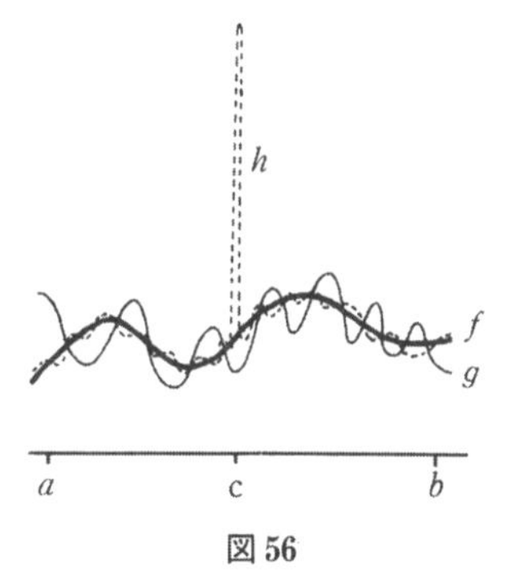

図 56

こうした例を見ると，$\|f-h\|$ で，一体，f と h のどんな違いを測ろう

としているのか，読者は改めてとまどった気分になられるかもしれない。たとえの方がわかりやすいだろう。たとえば2国間の経済水準を国民総生産（GNP）で測ろうとする。日本とくらべて，極端にGNPの低い貧しい国でも，その国には日本ではお目にかかれないような何人かの大金持がいるということがあるだろう。この大金持がいくら資産を運用してみても，国全体からみれば，GNPにはほとんど影響を与えないのである。f と h の関係を，$\|f-h\|$ で測ったのは，そのような視点である。このたとえでは h のグラフで突出している部分は，大金持の資産であるが，それは国全体のGNPの値を，f とくらべて大きく増やすような影響はもたないのである。

個々の‘突発的な事柄’は無視して，全体の動きを観察しようとするようなことは，GNPの例を考えてもわかるように，多くの情報量を整理するような場合，私たちが日常よく出会っていることである。したがって2つの関数 f, g に対して，f と g の変動の違いを $\|f-g\|$ によって測ろうとすることは，決して不自然なことではないということが察せられるだろう。

数直線上の2点 a, b 間の距離は $|a-b|$ で与えられるから，それにならって $\|f-g\|$ という記号を(6)で導入したが，むしろもっと積極的に $\|f-g\|$ は，f と g の‘距離’を測っているのだと思って

$$\rho(f, g) = \|f-g\|$$

とおき，これはいわば平均的な変動を示す距離であると見た方がはっきりするかもしれない。すなわち

$$\rho(f, g) = \int_a^b |f(x)-g(x)|\,dx$$

とおき，$\rho(f, g)$ は f と g との距離を示していると考えるのである。

$\rho(f,\ g)$ は次の性質をもつ。

(i)　$\rho(f, g) \geqq 0$；等号は $f = g$ のときに限る。
(ii)　$\rho(f, g) = \rho(g, f)$
(iii)　$\rho(f, g) \leqq \rho(f, h) + \rho(h, g)$

(i)では，等号は $f = g$ のときに限るということ，すなわち $f \neq g$ ならば $\rho(f,\ g) > 0$ を注意しておかなくてはならないだろう。$f \neq g$ とすると，ある点 c で $f(c) \neq g(c)$ となる。いま $f(c) < g(c)$ とする。f と g は

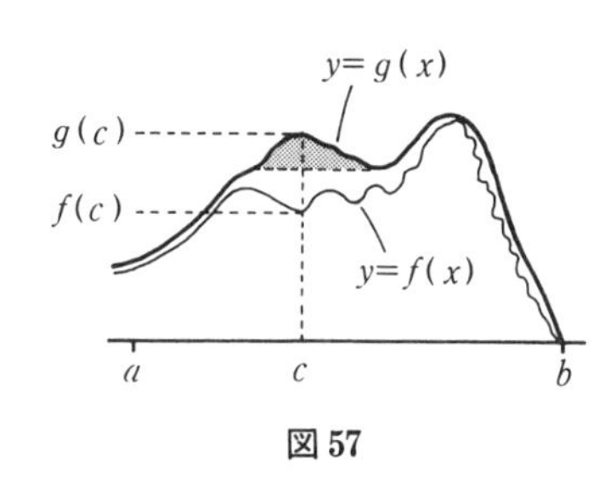

図 57

連続関数だから，$x = c$ のごく近くでは $g(x)$ と $f(x)$ の差は $\frac{1}{2}(g(c)-f(c))$ より大きい。したがってこの部分のグラフの面積（図 57 でカゲをつけてあるところ）はすでに正となる。このことから $\rho(f, g) > 0$ がわかる。

(ii) は明らかだろう。

(iii) は次のようにしてわかる。

$$\rho(f, g) = \int_a^b |f(x)-g(x)|\, dx$$

$$= \int_a^b |(f(x)-h(x))+(h(x)-g(x))|\, dx$$

$$\leqq \int_a^b |f(x)-h(x)|\, dx + \int_a^b |h(x)-g(x)|\, dx$$

$$= \rho(f, h) + \rho(h, f)$$

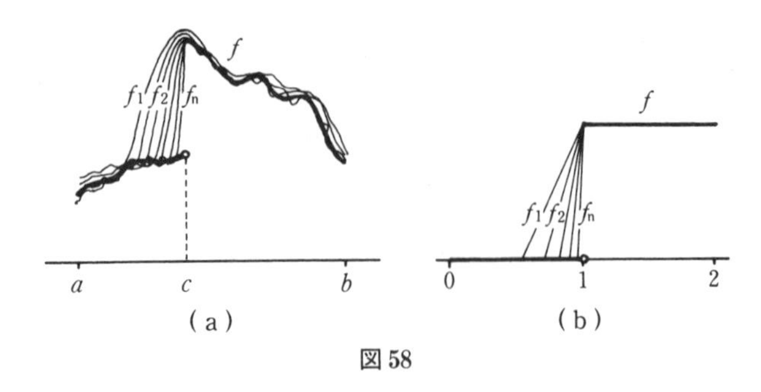

図 58

この(i), (ii), (iii) は，数直線上の 2 点間の距離 $|a-b|$ に対し成り立つ性質

(i)′ $|a-b| \geqq 0$；等号は $a=b$ のときに限る。

(ii)′ $|a-b|=|b-a|$

(iii)′ $|a-c| \leqq |a-b|+|b-c|$

に対応していることを注意しておこう。

$\rho(f, g)$ を，f, g 間の距離と考えるならば，関数列 $\{f_1, f_2, \cdots, f_n, \cdots\}$ があって

$$\rho(f_n, f) \to 0 \qquad (n \to \infty)$$

が成り立つとき，f_n は f に近づいていると考えてよいだろう。

ところがそのように考えると，連続関数の近づく先が一般には連続関数にならないという状況が起きてくるのである。このような状況は図 58 で図示してある。(a)では，$x=c$ のとこでジャンプして不連続になっている関数 f に，連続関数列 $\{f_n\}$ が高波のようになって f に近づいている。f_n と f のグラフのつくる図形の面積はしだいに差がなくなっていくことに注意してほしい。

図 (a) では，グラフの線が混みすぎてよくわからないかもしれないので，(b) の方に簡明な例をもう 1 つ書いておきたい。ここで

$$f_n(x)=\begin{cases}0, & 0\leqq x\leqq 1-\dfrac{1}{n}\\ n\left(x-\left(1-\dfrac{1}{n}\right)\right), & 1-\dfrac{1}{n}\leqq x\leqq 1\\ 1, & 1\leqq x\leqq 2\end{cases}$$

$(n=1,2,\cdots)$ であり，連続関数列 $\{f_n\}$ は，不連続関数

$$f(x)=\begin{cases}0, & 0\leqq x<1\\ 1, & 1\leqq x\leqq 2\end{cases}$$

に，距離 ρ で測ってみると確かに近づいている。実際

$$\rho(f_n,f)=\frac{1}{2n}\longrightarrow 0\qquad (n\to\infty)$$

となっている。

距離 ρ で測ってみると，連続関数のごく近くには不連続関数がたくさんあるという，予想もしなかった事態が生じてきた。連続関数の系列で近づいていくことのできる不連続関数がたくさんあるのである。このような不連続関数の示す‘平均的な挙動’は，連続関数の示す平均的挙動とさして変わったことはない。積分を用いて関数の変動を示す情報量を取り出すとき，不連続関数に近づいたからといって，突然情報量が不連続に変わることもない。

連続関数という動かし難いようにみえた頑丈な垣根が，積分というどこまでも広がっていくような水の流れで取り払われてしまったのである。そこには今度は，今まであまり見たこともないような，広大な関数の景色が広がるに違いない。数学は，この景色の変化をどのような視点に立って，捉えようとしたのだろうか。

距離 ρ で測ったとき，連続関数列から近づける別の種類の関数

——不連続関数——があるという状況は，数直線上で有理数しか知らなかったとき，有理数から近づいてみたら，新しい種類の数——無理数——に出会ったという状況に似ている。数直線上の場合，数学では，有理数から近づける数をすべてつけ加えることによって，実数という数の体系をつくり上げた。このようにして得られた実数の中では，何かに近づいていく様子を示す数列があれば，近づく先は必ずまた実数である。その意味で実数は，近づくという性質に関して完結した世界を形づくっている。

この類似を辿って考えると，距離 ρ で測ったとき，連続関数から近づけるものも，積分の対象となる新しい関数として取り入れた方がよさそうである。このような関数の全体は，距離 ρ に関して，したがって積分に関して完結した１つの世界を形づくることになるだろう。このような拡張がすべてうまく成功するならば，そこでは関数列などを取り扱う場合の積分の理論がよどみなく展開されるだろうということは，大体予想されることである。それは数直線上でたとえていえば，近づくという性質に基づく連続性や微分の議論で，点は有理数の上だけを伝わっていくと考えるよりは，数直線の上を自由に動くと考える方がずっと自然だ，ということになる。それでは，具体的に連続関数から出発して，距離 ρ を用いて，一層広い関数を構成するにはどのようにしたらよいだろうか。

実数を構成するときには，有理数列

$$\{r_1, r_2, \cdots, r_n, \cdots\}$$

が，コーシー列の条件，すなわち，しだいに密集してという条件

$$\text{(c)} \qquad |r_m - r_n| \longrightarrow 0 \qquad (m, n \to \infty)$$

をみたすとき，この有理数列は１つの実数 α を決めると考えた。α は，$r_1, r_2, \cdots, r_n, \cdots$ が近づく究極の点である。たとえば，コーシー

列

$$\{1,\ 1.4,\ 1.41,\ 1.414, \cdots\}$$

は，$\sqrt{2}$ という無理数を決めると考えた。

同じように考えれば，区間 $[a, b]$ 上で定義された連続関数列

$$\{f_1, f_2, \cdots, f_n, \cdots\}$$

が，(c) に対応する条件

$$\text{(c}'\text{)} \qquad \rho(f_m, f_n) \longrightarrow 0 \qquad (m, n \to \infty)$$

をみたすとき，この連続関数列 $\{f_n\}$ は，１つの新しい関数 $\tilde{f}$ を決めるとして，このような関数全体を考えれば，これで上に述べた連続関数族を拡張する話は済むようである。$\tilde{f}$ の積分は，

$$\int_a^b \tilde{f}\,dx = \lim_{n\to\infty}\int_a^b f_n(x)\,dx$$

として定義すればよいだろう。

アイディアはそれでよいとしても，実は，このような考えに正当性を与えるためには，少なくともまず次の２つのことをどのように考えるかを，明確にしなくてはならないだろう。

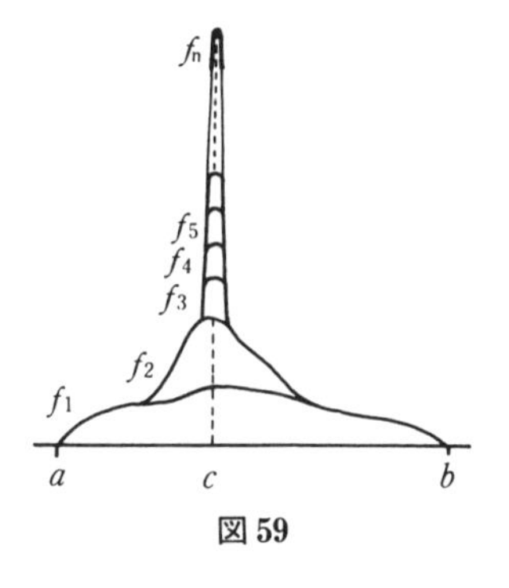

図 59

(A)　関数 $\tilde{f}(x)$ は，すべての x に対して値が確定するとは限らない。

たとえば図 59 のようなとき，関数 f_n のグラフの尖塔の先を，$n\to\infty$ のとき，かなりの速さで細く，高くしていくと，連続関数列 $\{f_n\}$ は，条件 (c′) をみたす。しかし‘極限関数’ $\tilde{f}$ の $x = c$ でとる値は？

(B)　連続関数列 $\{f_1, f_2, \cdots, f_n, \cdots\}$ が，

$$\rho(f_n, 0) = \int_a^b |f_n(x)|\,dx \longrightarrow 0 \qquad (n \to \infty)$$

をみたしていても，$f_n(x)$ は‘関数’0へ収束しているとは限らない。

たとえば，区間 $[a, b]$ に含まれるすべての有理数に番号をつけて

$$\{a_1, a_2, \cdots, a_n, \cdots\}$$

とする（有理数全体は可算集合をつくっているから，このようなことは可能である）。そこで $n = 1, 2, \cdots$ に対し，次のような連続関数 f_n をつくる。

$$f_n(a_1) = f_n(a_2) = \cdots = f_n(a_n) = 1$$

$$\int_a^b f_n(x)\,dx = \frac{1}{2^{n+1}}, \qquad 0 \leqq f_n(x) \leqq 1$$

このような関数 f_n の例として，ここでは図60のグラフで示したような関数をとる。各 a_i $(i = 1, 2, \cdots, n)$ のまわりの2等辺三角形の底辺の長さは $\dfrac{1}{2^n n}$ である。このとき

$$\rho(f_m, f_n) \leqq \frac{1}{2^{m+1}} + \frac{1}{2^{n+1}} \longrightarrow 0 \qquad (m, n \to \infty)$$

したがって $\{f_n\}$ は (c′) をみたし，かつ

$$\rho(f_n, 0) = \frac{1}{2^{n+1}} \longrightarrow 0 \qquad (n \to \infty)$$

であるが，$\{f_n\}$ の近づく先は0ではない。$\{f_n\}$ の‘極限関数’$\tilde{f}$ は，有

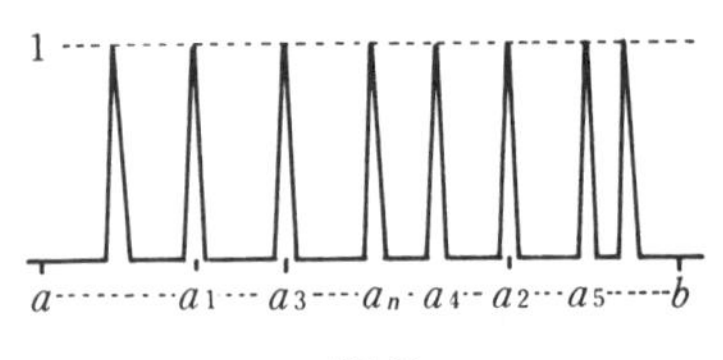

図60

理数 $a_1, a_2, \cdots$ の上だけで1，それ以外では0となる不連続関数である！

1902年に，フランスの数学者ルベーグは新しい積分論を提起したが，それは本質的には，この2つの越え難い障害(A)，(B)を乗り越えて得られた積分論であった。ルベーグはこの障害を乗り越えるために，咒語(！)‘ほとんど至る所’を用いたのである。‘ほとんど至る所’はもちろん，数学的に厳格に定義される言葉である。ルベーグならば，(A)のところで与えた例(図57)では，「f_n の極限関数はほとんど至る所，そのとる値は確定している」といったろうし，(B)のところで与えた例では，「有理数で1，それ以外で0をとる関数は，ほとんど至る所0である」といったろう。ほとんど至る所等しい関数は，本質的に同じものとみなすことによって，ルベーグは彼の積分論を完成させたのである。

前に述べた話から，私たちにも十分予期できるように，この積分論は，ルベーグ積分論として，やがて20世紀数学の中心に位置するようになった。

一日の旅を終えて

対　　話

太郎君　面積の話からはじまって，積分へと移って，次にこの積分概念を媒介として，数学が連続関数を超えて，さらに新しい世界へと広がっていく景色が，渓流を下るにつれ，しだいに見晴らしがよくなっていくようで，とても楽しめました。1段階，1段階ごとに，極限概念が新しい方向から光を投げかけて次の方向を示唆しているのを見ると，改めて数学の中にある極限概念の深さを思いました。ところで，最後に話されたルベーグ積分に対応するような面積の理論というものもあるのですか。

無涯先生　ルベーグ自身は，実は，1902年に発表した有名な論文『積分，長さ，面積』の中で，面積概念の拡張から道を進めて行って，その上で積分論を構成したのである。ルベーグがどのようにして面積概念を拡張していったかを少し述べてみよう。

午前中に述べた，ジョルダンによる面積の定義では，平面上の有界な集合Sの面積を測るのに，有限個の長方形のタイルで内側と外側からおおって，この両側の面積から挟むようにして，Sの面積を近似していこうとした。ルベーグは，有限個の長方形でおおうかわりに，もっとたくさんのタイル——可算無限個のタイル——をもってきて，同じようにSの内側と外側から面積を測りながら，Sの面積に近づいて，究極的にSの面積を求めようとした。可算個のタイルを使ってもよいことになると，非常に複雑な曲線で囲まれた図形も測れるようになるのである。

無限個のタイルを使ってもよい，タイル貼りの職人さんの仕事は次のようになる。この職人さんは，部屋の隅にタイルを貼り進めていくにつれ，しだいに隅の方に細かい凹凸が現われてくるのを見て，手持ちのタイルをそれに応じてどんどん細かく打ちくだいて貼っていく。現実には起り得ないことだが，タイルの大きさは，分子レベルから，原子レベルへと，さらにどこまでもどこまでも無限に細かくしていくことができる。このような測り方をしていけば，どんな図形の面積も測れるに違いないと思えてくるだろう。実際，現実に現われる図形はすべてこの方法で面積が確定する。この面積をルベーグ測度というのである。そして閉区間 $[a, b]$ 上で定義された有界な関数 $f(x)$ $(\geqq 0)$ が与えられたとき，そのグラフのつくるルベーグ測度を f のルベーグ積分というのである。

太郎君　現実に現われる図形といわれましたが，現実に現われない図形というのもあるのですか。

無涯先生　数学者に聞くと，ルベーグ測度をもたない図形――集合――は存在するというが，そのような集合の存在は，選択公理というものを用いてはじめていえることである。上に述べたような仕方で，無限の細かさまで踏みこんで測ってみても，なお測度が測れない集合というのは，もしあるとすれば，私たちの想像もつかぬような綾糸で織りこまれた複雑な無限集合だろう。このような集合は，数学者の網にかかったといっても，深海から引き上げられるようなものでなく，取り出しては決して見ることのできない謎めいた集合なのである。そこで現実に現われる図形には，ルーベグ測度があるといってよいといったのである。

太郎君　謎めいたお話ですね。ところでこのルベーグ測度という概念を使うと，‘ほとんど至る所’といういい方にはっきりとした意味をつけることはできるのですか。

無涯先生　ルベーグ測度が0である集合を除いて，ある事実が成り立つとき，ほとんど至る所成り立つというのである。たとえば有理数の集合はルベーグ測度0である。したがって，2つの関数 $f(x)$ と $g(x)$ が，x が有理数以外ではつねに等しい値をとるときには，$f(x)$ と $g(x)$ は，ほとんど至る所等しい関数であるというのである。ところどころに生えている高山植物のことなど無視して，2つの山の高さを測ろうと約束するようなものだが，この約束で積分論が円滑に進むのである。

太郎君　面積を測るという古くから親しんできた考えが，数学の中でどのように育ってきたか朧気ながらわかってきましたが，これから，もっと新しい測り方が現われることはあるのでしょうか。

無涯先生　境界が複雑に入りこんでいる図形の面積を，ふつうに測っては0か ∞ になるとき，ハウスドルフ測度とよばれている別の測り方をすると，この図形に一層適した面積概念が得られることもある。しかしこれも，本質的に新しい測り方とはいえないだろう。

これは星を見上げての私の空想のようなものだが，これから近い将来，離散的な数学モデルと，連続的な数学モデルの間を結ぶような新しい数学的な場が求められてくるのではないかと漠然と予想している。その過程で，図形は単に，点が連続的に均質に分布しているのではなく，点がしだいに密集してでき上がってくるものであるという粒子的な観点が強まってくるかもしれない。そのとき，面積の中に点の密集していくスピードを加えるような考えが導入される可能性が生じてくるのではなかろうか。しかしこのような空想を追うことに終わりはないようである。

5日目

聞　く —— 三角関数をめぐって

五月雨の晴間も見えぬ雲路より

　山ほととぎす鳴きてすぐなり

—— 西 行

午　前

現在の私たちは，都会の騒音に包まれた生活を送っているが，昔の人たちは，静かな生活の中で，風の渡る音や木々のざわめきや鳥の声などを敏感に聞きわけ，そこから季節の微妙な移りを感じとっていたのだろう。日本の詩人の感性は，ピタゴラスのように，音階の調和と宇宙の調和を結びつけるような壮大な哲学を夢みることはなかっただろうが，耳にしていた音は似通っていたのかもしれない。

音が空気の振動によって伝わるものであることをはじめて示したのは，17世紀半ば，イタリーのトリチェリである。音は，空気の密度が濃くなったり薄くなったりを，波状に繰り返しながら生ずるものであって，これが音波として遠くまで伝播していく。密度の濃い部分を山に，密度の薄い部分を谷にして，音波を波の形をした曲線に描くことができる（図61）。このような曲線によって音を表わしたとき，もっとも簡単な音——純音——は，$y = \sin x$ のグラフで表わされる。このような音は，音叉をそっとたたいたとき出るものである。

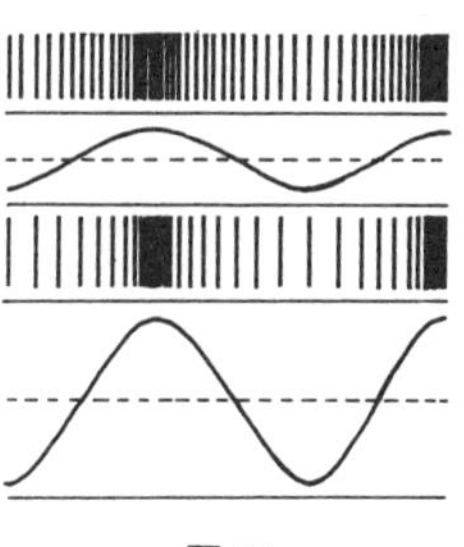

図61

ニュートン以後，自然現象を物理的に調べるとき，数学を用いて記述していこうという考えが強まったが，その過程で，自然界に生ずるさまざまな波を表現するのに，正弦関数 $\sin x$ と，余弦関数 $\cos x$ が最も

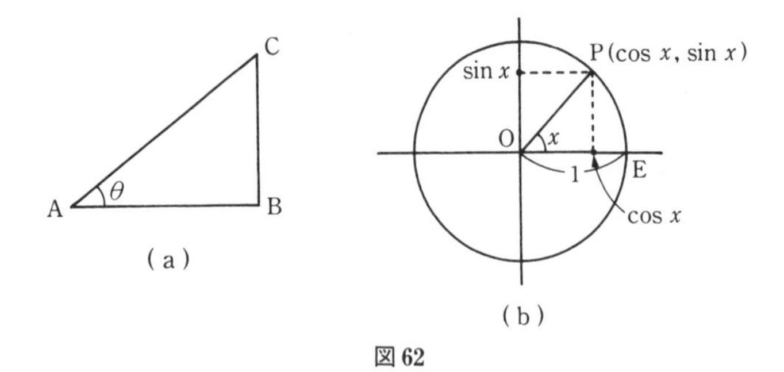

図 62

適していることが，だれの目にもはっきりと見えてきたのである。だが，そのことは同時にまた，三角関数 $\sin x$，$\cos x$ が，誕生の母胎であった測量術や三角形を離れて，広い世界へと独り立ちしていくことを意味することになった。

三角関数は，最初は三角形の辺と角の間の関係を調べるものとして，図 62 (a) で

$$\sin\theta = \frac{\mathrm{BC}}{\mathrm{AC}}\left(=\frac{\text{垂線}}{\text{斜辺}}\right)$$

$$\cos\theta = \frac{\mathrm{AB}}{\mathrm{AC}}\left(=\frac{\text{底辺}}{\text{斜辺}}\right)$$

として定義したが，三角関数をこのような広い世界へと旅立たせるためには，もう少し一般的な立場に立って，円を用いて三角関数を定義した方がよい。すなわち，図 62 (b) において，点 P の x 座標，y 座標を表わす関数がそれぞれ $\cos x$，$\sin x$ であるとする。点 P は原点中心，半径 1 の円周上をぐるぐる回っている。ここで変数 x は，弧 EP を正の向きに測った長さである。これを ∠EOP の測る単位として採用するときには，弧度——ラジアン——という。

$\sin x$，$\cos x$ を微分すると，よく知られたように，この2つの関数の微分演算に関する不思議な整合性が現われる：

$$(\sin x)' = \cos x, \qquad (\cos x)' = -\sin x$$

このような公式を成り立たせる1つの理由として，変数 x を，弧度としてとったことが挙げられるが，もともと三角関数は，微分とは無関係に定義されていたものだから，この三角関数と微分の示す謎は，もっと深い所に横たわっているのかもしれない。

実際，このことから，$\sin x$，$\cos x$ を繰り返して微分して，高階導関数を求めていくと，高階導関数は，4周期で回ることがわかる。

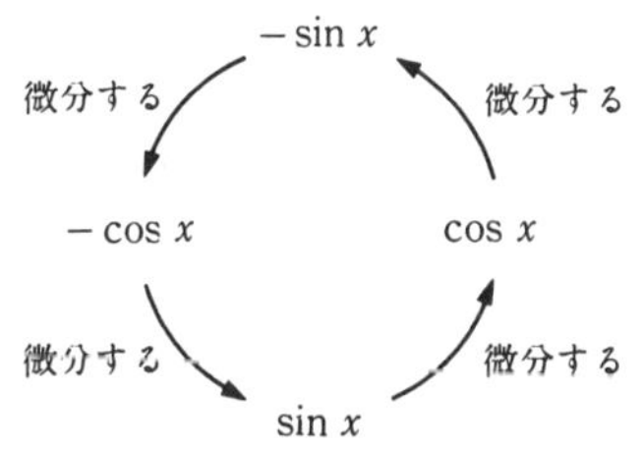

これは三角関数と微分の織りなす水玉模様といってよいのかもしれない。この円周を一巡している図を見ていると，読者は似たような状況が，虚数単位 $i = \sqrt{-1}$ をかけるときにも起きていたことを思い出されるだろう。

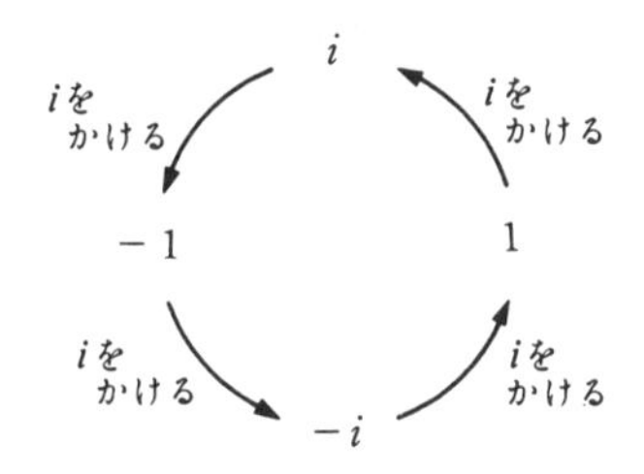

この類似はだれの目にも強く映ずるから，何かここに隠されたものがあるかもしれないと想像されてくる。この謎を解くために，‘i をかける’というリンクを‘微分する’というリンクに変換してみたくなる。そのためには，指数関数を使ってみるとよいかもしれない。なぜなら，指数関数 $e^{\alpha x}$ を微分してみると

$$(e^{\alpha x})' = \alpha e^{\alpha x}$$

となり，$e^{\alpha x}$ を微分することは，$e^{\alpha x}$ に α をかけるという演算として実現されるからである。

そこで全く手探りのようなことだが，e^{ix} という関数を考えることにして，この微分は上と同様に

$$(e^{ix})' = ie^{ix}$$

であるとしてみよう。そうすると‘i をかける’というリンクは

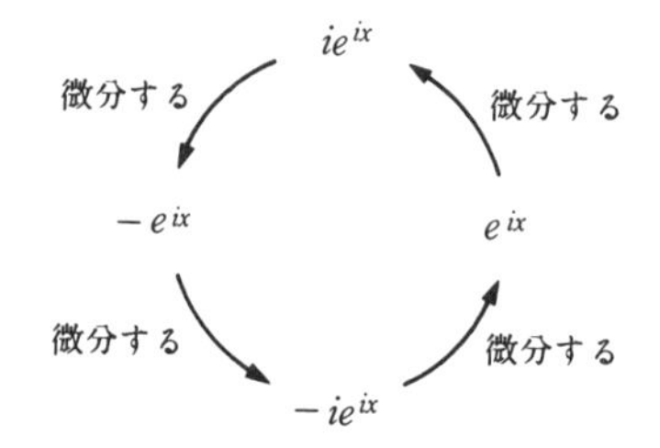

というリンクに変わってくる。

すなわち，私たちは微分という演算についてまったく同じ周期性を示す $\sin x$，$\cos x$，e^{ix} という 3 つの関数をもったことになる。たとえていえば，$\sin x$，$\cos x$，e^{ix} は同じ周期 4 で回る惑星のようなものである。この 3 つの関数は，何か強い絆で結ばれているのかもしれない。実際，18 世紀の天才数学者オイラーは

$$e^{ix} = \cos x + i \sin x \qquad (1)$$

という関係があると主張したのである。

もっとも，オイラーの主張は次のような根拠によるものであった。

3日目に微分の話をしたときに，テイラーの定理を述べたが，指数関数，三角関数については，どんな a と h をとっても，$n\to\infty$ とした式——テイラー展開——が成り立つことが知られている。すなわち，3日目，午後の定理4の式（112頁）で特に a として0，h を x におきかえ，$n\to\infty$ とすると得られる式が，すべての x に対して成り立つのである。すなわち指数関数，対数関数に対しては

$$(\bigstar)\quad f(x)=f(0)+\frac{f'(0)}{1!}x+\frac{f''(0)}{2!}x^2+\cdots+\frac{f^{(n)}(0)}{n!}x^n+\cdots$$

という関係が成り立つ。e^x，$\sin x$，$\cos x$ は x の巾級数として表わされる！　具体的に高階導関数の値を求めてみると

$f(x)=e^x$ のときには

$$f(0)=f'(0)=\cdots=f^{(n)}(0)=\cdots=1$$

である。

$f(x)=\sin x$ のときには，$f(0)$，$f'(0), \cdots, f^{(n)}(0), \cdots$ は

$$0,\ 1,\ 0,\ -1,\ 0,\ 1,\ 0,\ -1\cdots$$

と4周期で変わる。

$f(x)=\cos x$ のときは

$$1,\ 0,\ -1,\ 0,\ 1,\ 0,\ -1,\ 0,\ 1\cdots$$

とやはり4周期で変わる。

したがって（★）は，e^x，$\sin x$，$\cos x$ に対して，次のような展開を与えることになる。

$$
\begin{aligned}
e^x &= 1+\frac{1}{1!}x+\frac{1}{2!}x^2+\frac{1}{3!}x^3+\cdots+\frac{1}{n!}x^n+\cdots \\
\sin x &= \frac{1}{1!}x-\frac{1}{3!}x^3+\frac{1}{5!}x^5-\cdots \\
\cos x &= 1-\frac{1}{2!}x^2+\frac{1}{4!}x^4-\cdots
\end{aligned}
$$

$\sin x$ の展開には x の奇数巾だけが，$\cos x$ の展開には x の偶数巾だけがでている。$\sin x$ と $\cos x$ の展開の間隙は互いに相補いあって，２つを併せると e^x に近い展開を与えているようであるが，よく見ると x^2，x^3；x^6，x^7；…のところで符号が違っている。

オイラーは，この符号の違いは x の代りに ix とおいて，e^{ix} の展開を考えれば，すべてが説明されると考えたのである。オイラーにしたがえば

$$
\begin{aligned}
e^{ix} &= 1+\frac{1}{1!}ix+\frac{1}{2!}(ix)^2+\frac{1}{3!}(ix)^3+\frac{1}{4!}(ix)^4+\cdots \\
&= \left(1-\frac{1}{2!}x^2+\frac{1}{4!}x^4-\cdots\right)+i\left(x-\frac{1}{3!}x^3+\frac{1}{5!}x^5-\cdots\right) \\
&= \cos x+i\sin x
\end{aligned}
$$

となり，これは実際 (1) にほかならない。

e^{ix}，$\sin x$，$\cos x$ という３つの惑星が，微分という演算に関し，同じ４周期で回っていたのは，(1) という関係で強く結ばれていたからである。くどいようだが，念のため (1) の両辺を別々に微分してみると，左辺は

$$
\begin{aligned}
(e^{ix})' &= ie^{ix} = i(\cos x+i\sin x) \\
&= -\sin x+i\cos x
\end{aligned}
$$

右辺は

$$(\cos x + i \sin x)' = (\cos x)' + i(\sin x)'$$

となり，実数部分，虚数部分を見くらべると三角関数の微分の規則 $(\cos x)' = -\sin x$，$(\sin x)' = \cos x$ が導かれていることがわかる。したがって，微分して4周期でもとへ戻るという (1) の左辺に成り立つ規則は，左辺と右辺を切り離してみれば，三つの関数 e^{ix}，$\sin x$，$\cos x$ のそれぞれの示す固有な性質となるのである。

実数の世界だけから見ていれば，ちょうど万有引力が眼に見えない力となって，惑星間を引き合っているように，虚数は，隠れた数として，指数関数，三角関数を引き合っているようにみえる。この引き合う力は非常に強いものであるといってよいのかもしれない。

たとえば，指数法則

$$e^{ix_1} e^{ix_2} = e^{i(x_1+x_2)} \qquad (2)$$

が成り立つかどうかを，オイラーによる表示 (1) を用いて検証しようとすると

$$\begin{aligned} e^{ix_1} e^{ix_2} &= (\cos x_1 + i \sin x_1)(\cos x_2 + i \sin x_2) \\ &= (\cos x_1 \cos x_2 - \sin x_1 \sin x_2) \\ &\quad + i(\cos x_1 \sin x_2 + \sin x_1 \cos x_2) \end{aligned}$$

となるが，この右辺は三角関数の加法定理によって

$$\cos(x_1+x_2) + i \sin(x_1+x_2),$$

すなわち

$$e^{i(x_1+x_2)}$$

に等しくなる。すなわち (2) が確かめられるのである。

逆に指数法則 (2) が，別の手段であらかじめ確かめられていれば，三角関数の加法定理

$$\cos(x_1+x_2) = \cos x_1 \cos x_2 - \sin x_1 \sin x_2$$

$$\sin(x_1+x_2) = \sin x_1 \cos x_2 + \cos x_1 \sin x_2$$

は，指数法則 (2) の系ということになる。三角関数の加法定理と指数法則という，全く異なる様相を示している 2 つの公式が，虚数の導入によって，1 つに統合されていくところに，私たちはある神秘的な感じさえ覚えるのである。

このようなことから，私たちの中にしだいに強まってくる感じは，実数にさらに虚数単位 i を加えて得られる数の体系まで考える方が，解析学の厚いヴェールを取り払って，今までよりもっと自由な世界へ導いてくれるかもしれないということである。

実数に虚数単位 i を加えて得られる数とは

$$\alpha = a + ib \qquad (a,\ b \text{ は実数})$$

と表わされる数のことであって，複素数とよばれている。a は α の実数部分，b は α の虚数部分という。もう一つの複素数

$$\beta = c + id$$

をもってきたとき，α, β の加減乗除は

$$\alpha+\beta = (a+c)+i(b+d)$$

$$\alpha-\beta = (a-c)+i(b-d)$$

$$\alpha\beta = (ac-bd)+i(ad+bc)$$

$$\frac{\alpha}{\beta} = \frac{ac+bd}{c^2+d^2}+i\frac{bc-ad}{c^2+d^2}$$

と定義する（割り算のときには $\beta \neq 0$ である）。これによって，複素数の中でも，実数と同じように数の間の演算ができるようになる。

数学史を見ても，この複素数は，それほど深い森の奥に隠されていたわけではない。たとえば，簡単な形をした 2 次方程式

$$x^2+x+1 = 0$$

を解いてみても，その解は複素数

$$\frac{-1}{2}+\frac{\sqrt{3}}{2}i \qquad \frac{-1}{2}-\frac{\sqrt{3}}{2}i$$

で与えられている。しかし，複素数は，霧の彼方から時どき朧気ながら姿を現わしてくる正体のわからない数のように考えられて，数学者が長い間積極的に取り扱うことをためらっていた数であった。避けようと思えば，上の2次方程式には解はない，といえばそれで済むことでもあった。

ところが，18世紀になってオイラーが，オイラーの公式とよばれている等式(1)を提起し，それを用いて，指数関数と三角関数が1つになって働く様相を明らかにしはじめると，数学者の間にも，もし光を複素数の方に向けるならば，そこには数学の活躍を待っている広い大きな舞台が拡がっているかもしれないと思われてきたのである。

(1)は三角関数を用いて，e^{ix} を表わしたのであるが，この式で x の代りに $-x$ とおくと

$$e^{-ix}=e^{i(-x)}=\cos(-x)+i\sin(-x)=\cos x-i\sin x \quad (3)$$

が得られる（ここで $\cos(-x)=\cos x$，$\sin(-x)=-\sin x$ という関係を用いた）。したがって(1)と(3)から

$$\boxed{\begin{aligned}\cos x &= \frac{e^{ix}+e^{-ix}}{2}\\ \sin x &= \frac{e^{ix}-e^{-ix}}{2i}\end{aligned}} \quad (4)$$

となって，今度は三角関数が指数関数で表わされた。この表示式を

用いて，三角関数についてのよく知られた公式

$$\cos^2 x + \sin^2 x = 1, \qquad \sin 2x = 2\sin x \cos x,$$
$$\cos 2x = 2\cos^2 x - 1$$

などは，すぐに求めることができる。

(4) は，三角関数が指数関数によって完全に制御されていることを示している。三角関数は三角形という母胎から誕生してきたが，今は成長しきって，指数関数 e^{ix} による解析表示 (4) によって，解析学の渦まく波の中心へと躍り出たといってよいのである。ただこの背景には複素数がある。

複素数から観念的なものを取り除くには，ガウスによる複素数の平面表示が決定的なことであった。ガウスは，平面上に直交座標をとって，この座標平面上で点 $\mathrm{P}(a, b)$ は，複素数 $a+ib$ を表わすと考えたのである。この約束で得られた平面を，複素平面またはガウス平面という。このとき x 軸を実軸，y 軸を虚軸という。複素数は，複素平面上に表示することによって，もはや虚なるものではなく，だれの目にもはっきりと見えるものになった。たとえば，実数 $\sqrt{2}$ といえば，数直線のこの点であると（原理的には）指し示すことができるように，複素数もまた $2+\sqrt{2}i$ は複素平面上のここにあると指し示すことができるようになったのである（図 63）。

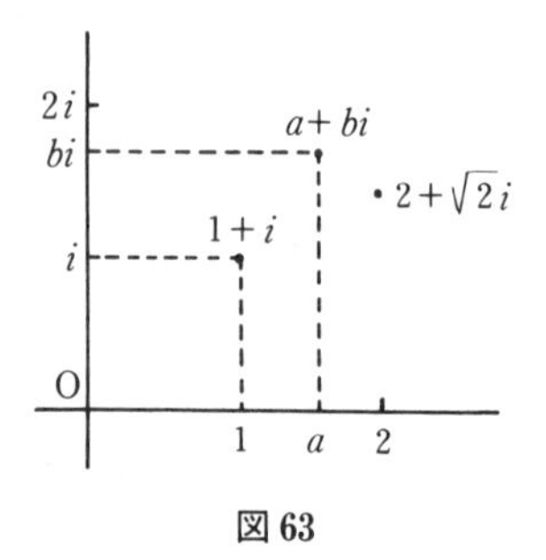

図 63

もっとも複素数をこのように平面上の点として表わすという考えは，霧が少しずつ晴れてくるように，18

世紀数学の中で複素数の概念がしだいに明らかとなる過程で，数学者の間に徐々に浸透してきた考えであった。しかし霧が完全に晴れ上って，複素数が複素平面上にはっきりとした姿を現わしたのは，1820年代から30年代にかけてであった。

この複素数の複素平面上への表示によって，オイラーの公式(1)も，さらにはっきりとした形をとってくるのである。ここでは公式(1)における変数 x を θ におきかえて

$$e^{i\theta} = \cos\theta + i\sin\theta \qquad (1)'$$

の形に表わしておこう

複素平面上で，原点中心，半径1の円を描く。この円を単位円という。$(1)'$ によると，$e^{i\theta}$ は，単位円周上にあって，実軸から正の向きに測って θ のところにある点を表わす複素数である（図64）。θ を，0から出発してしだいに大きくしていくと，$e^{i\theta}$ は 2π の周期で単位円周上をぐるぐる回っている。この回り方を実軸に投影した影が，実軸の1と−1の間を往復する，$\cos\theta$ によって表わされる波となり，虚軸へ落した影が，$\sin\theta$ によって表わされる波となる。

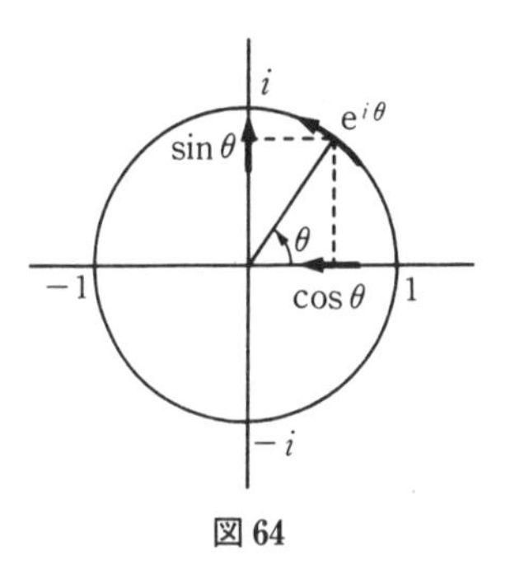

図64

$e^{i\theta}$ を2度かけると，指数法則から

$$e^{i\theta}\,e^{i\theta} = e^{i(\theta+\theta)} = e^{i2\theta}$$

となる。$e^{i2\theta}$ と $e^{i\theta}$ とをくらべてみると，$e^{i2\theta}$ は単位円周上を $e^{i\theta}$ の2倍の速さでぐるぐる回っている。

一般に $e^{i\theta}$ を n 回繰り返してかけ合わせると

$$(e^{i\theta})^n = \underbrace{e^{i\theta}\,e^{i\theta}\cdots e^{i\theta}}_{n} = e^{in\theta}$$

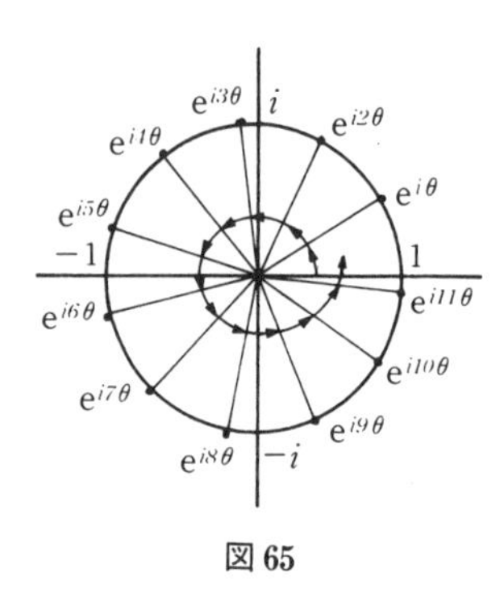

図 65

となる。図 65 を見るとわかるように，$e^{i\theta}$ をかけるたびに，単位円周上を点が θ ずつ回転していくのである。図 65 では，$e^{i\theta}$ を 11 乗してまだ 2π（$= 360°$）だけ回っていないが，$e^{i\theta}$ を 12 乗すると，1 周し終って 2 周目に入ることになる。

もし，$e^{i\theta}$ を 11 乗したとき，ちょうど 1 周して 1 に戻ったとすると，この関係は式では

$$(e^{i\theta})^{11} = 1$$

と表わされる。このときには $\theta \times 11 = 2\pi$，すなわち

$$\theta = \frac{2\pi}{11}$$

となる。この事実は，方程式

$$z^{11} = 1 \qquad (5)$$

の 1 つの解が

$$z = e^{i\frac{2\pi}{11}} = \cos\frac{2\pi}{11} + i\sin\frac{2\pi}{11}$$

で与えられていることを示している。実際は (5) の 11 個の解は，単位円周に内接する 1 を 1 つの頂点とする正 11 角形の頂点

$$1, \quad e^{i\frac{2\pi}{11}}, \quad e^{i\frac{2\pi}{11}2}, \quad e^{i\frac{2\pi}{11}3}, \ \cdots, \ e^{i\frac{2\pi}{11}10}$$

で与えられている。すなわち，(5) の解は

$$z = \cos\frac{2\pi k}{11} + i\sin\frac{2\pi k}{11} \qquad (k = 0, 1, 2, \cdots, 10)$$

で表わされるといってもよい。代数方程式 (5) の解が，このように

三角関数を用いて表わされるということは，予想もしなかった出来事であった。

一般に

$$z^n = 1$$

の n 個の解は

$$z = \cos\frac{2\pi k}{n} + i\sin\frac{2\pi k}{n} \qquad (k = 0, 1, 2, \cdots, n-1)$$

で与えられている。$n = 2$，3，4，5 のとき，この解が複素平面上でどのように図示されるかを，図 66 で示しておいた。

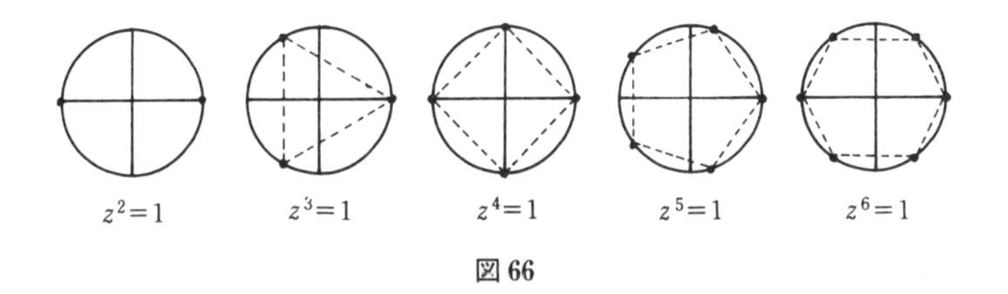

図 66

しかし，ふり返ってみると，オイラーは指数関数 e^{ix} を定義するのに，実数の範囲でしか証明していなかった（★）を，勝手に虚数の世界にまで成り立つことであるとして

$$e^{ix} = 1 + \frac{1}{1!}ix + \frac{1}{2!}(ix)^2 + \frac{1}{3!}(ix)^3 + \cdots$$

などという展開式を用いて，(1) を示したのである。このようなオイラーの大胆な‘虚数をも恐れぬ’議論に，果して正当性はあるのだろうか。一体，e の ix 乗とは何か？

19 世紀になって，複素数の上の解析学が確立し，その光に改めてオイラーの議論に当てて見直してみると，オイラーの着想はすべて正しく，オイラーは実数から複素数への道を迷うことなく一直線に進んでいたことがわかったのである。このことについて少し述べてみよう。

指数関数 $y=e^x$ は，‘指数’という立場では，x が自然数 n のときは $e=2.718\cdots$ を n 回繰り返してかけたものとして，x が負の整数，たとえば $x=-3$ のときは $e^{-3}=\dfrac{1}{e^3}$ と逆数によって定義した。さらに x が有理数 $\dfrac{n}{m}$ のときには $e^{\frac{n}{m}}=\sqrt[m]{e^n}$ とおき，任意の実数 x に対しては，有理数でとる値の極限として定義したのである。だからこの立場に固執していれば，e の ix 乗とは何か，という問いが当然生じてくるのである。

しかし，このような立場に固執することは，実数から複素数へと考察の場所を広げるとき，あまりにも保守的であるといわなくてはならない。新しい世界へ乗り出すためには，今までの見方をひとまず捨てなければならないときもある！

実数が複素数の中へ素直に入りこんでなじんでいるのは，実数の四則演算が複素数の中で考えても，そのままの形で成り立つことによっている。たとえば実係数の多項式

$$2x^2+3x-1$$

において，実変数 x を複素変数 z におき直して，$2z^2+3z-1$ を考えても，あるいはさらに係数を複素数にかえて，$(2+5i)z^2+3iz-(1+2i)$ を考えてみても，これらの最初の多項式からそれほど大きく隔ったものとは思えない。一方，複素数を複素平面上に表示したとき，実数は自然に実軸上の点として表わされている。

指数関数を複素数まで拡張して考えるためには，この自然さに適合するように定義を拡張していく必要がある。前に述べた e の巾（べき），e^2，$e^3,\cdots$ の考えを辿って行く道は，すべての実数 x に対し e^x を定義することには成功したが，この道を通っては，複素数に直接踏

みこんでいけないのである。

オイラーが示したように，指数関数 e^x が複素数にまで拡張される可能性は，e^x が巾級数として

$$e^x = 1+\frac{1}{1!}x+\frac{1}{2!}x^2+\cdots+\frac{1}{n!}x^n+\cdots$$

と表わされているという事実にある。右辺は多項式の極限である。多項式では，変数を実変数 x から複素変数 z へとごく自然に移行できたのだから，上の e^x の場合でも，実変数 x を複素変数 z におきかえて，それを e^z とおくことは，ごく自然なことになるだろう。すなわち，複素変数 z に対して

$$e^z = 1+\frac{1}{1!}z+\frac{1}{2!}z^2+\cdots+\frac{1}{n!}z^n+\cdots$$

によって指数関数 e^x を新たに定義するのである。このように考えてみると，オイラーの e^{ix} の導入は，無理のないもっとも自然な道であった。

もちろん巾級数では収束の問題がつきまとうが，この収束の問題も，巾級数の場合には，特に問題はないのである。すべての複素数 z に対して，e^z は確定する。

ここには，巾級数で表わされる関数ならば，巾級数の中に現われる実変数 x を，複素変数 z におきかえることにより，ごく自然に関数の定義域を，実数から複素数へと広げていくことができるという原理がひそんでいる。

この原理にしたがえば，三角関数 $\sin x$，$\cos x$ の定義域を，実数から複素数まで広げるにはどうすればよいかもわかる。

$$\sin z = z-\frac{1}{3!}z^3+\frac{1}{5!}z^5-\cdots$$

$$\cos z = 1 - \frac{1}{2!}z^2 + \frac{1}{4!}z^4 - \cdots$$

とおくとよいのである。$\sin z$，$\cos z$ から，三角形の影は完全に消えてしまったが，その代償として，三角関数の変数は，複素平面上を自由に動きまわることができるようになった。このように変数を複素数にしても，三角関数の加法定理は，今まで通りの形で成り立つし，指数関数と三角関数は，なおもオイラーの公式

$$e^{iz} = \cos z + i \sin z$$

によって，結ばれているのである。

一　休　み

一休みしましょう。気楽な旅なものですから，つい何となく三角関数から複素数の方へ足を向けてしまいました。オイラーは厖大な仕事を残しましたから，私たちは，オイラーの遺跡の1つに立ち寄ったということかもしれません。

一休みする前にお話したことは，少しわかりにくかったかもしれません。もう少し補っておきましょう。

いま，複素平面を頭の中に思い浮かべることにして，実数は実軸

上に表わされているとします。私たちが，ふだん微積分で取り扱っているような関数は，この実軸上だけで定義されています。複素平面上で見れば，ただ一本の直線，実軸の上でしか定義されていない，見方によっては何だか不安定な関数が，水がこの直線から溢れて出て広野を浸すように，複素平面にまで自然に拡張されていくことはあるのでしょうか。

関数 f が整式

$$f(x) = a_0 + a_1x + a_2x^2 + \cdots + a_nx^n \qquad (x \text{ は実変数})$$

で与えられているときには，この関数はごく自然に複素平面上で定義された関数

$$f(z) = a_0 + a_1z + a_2z^2 + \cdots + a_nz^n$$

へと拡張されていきます。これは実数の四則演算が，自然に複素数の四則演算に接続されることによっています。

このことは，ごく当り前のことですから，これだけを見ていると，実軸上で定義されたどんな関数 $f(x)$ でもすぐに複素平面へ拡張することができるような錯覚に陥ります。しかし，複素数 z に対して，$\tan z$ はどう定義するのか，$\log z$ はどう定義するのかと考え出すと，一般の場合には，事情は非常に難しいだろうと予想されます。

数学では，実数から複素数への関数の拡張の原理を次のように捉えています。いま，実数の関数 $f(x)$ が点 a を中心とする巾級数

$$f(x) = a_0 + a_1(x-a) + a_2(x-a)^2 + \cdots + a_n(x-a)^n + \cdots$$

と表わされているとします。この巾級数は $-r < |x-a| < r$ で収束していて，この範囲で $f(x)$ を表わしているとするのです。

このときには，整式のときと同様に，$f(x)$ は自然に複素平面の中に

$$f(z) = a_0 + a_1(z-a) + a_2(z-a)^2 + \cdots + a_n(z-a)^n + \cdots$$

と拡張されます。そしてこの右辺の巾級数は複素平面で，a を中心として，半径 r の円の中で，必ず収束して，そこで関数 $f(z)$ を定義しているのです。この拡張は，いかにも自然で，水が広がっていくような感じがします。

複素数 z に対して e^z や $\sin z$ や $\cos z$ を定義したのは，この原則によっていたわけです。この場合は，上の一般の原則の場合で，$a=0$，$r=\infty$ のときにあたっています。

それでは，今度は，複素平面の方から見たとき，このような巾級数で表わされている関数とは，実軸からの特殊な侵入者と見るのでしょうか。それとも，複素平面に固有な，ごく自然な関数であると見るべきものなのでしょうか。19 世紀になって，複素数上の解析学——関数論——が展開してきましたが，それによると，後者の見方が正しいのです。実際，実数の場合にならって複素平面上でも，微分

$$\lim_{z \to z_0} \frac{f(z) - f(z_0)}{z - z_0}$$

を考えようとすると，ある領域で微分可能な関数——正則関数——は，各点のまわりでは必ず巾級数で表わされてしまうのです。複素数までくると，(少なくとも微分のできるような) 関数とは，巾級数によって表示されているものであるという視点が確立してくるのです。オイラーが，巾級数という視点に立って，指数関数の定義を複素数にまで広げ，そこで指数関数と三角関数との関係を，巾級数を通して明らかにしたことは，今になってみればいわば実数から複素数へ向けての大道を歩いていたことになっていたのです。

午　後

午後は，再び実数の世界へ戻って，$y = \sin x$ のグラフで表わされる波形——正弦波——をいろいろに揺らしてみよう。

まず，波について，波長，振幅，振動数という言葉を思い出しておこう。波長と振幅は図67を見るとわかる。また単位時間中に，同じ振動が繰り返される回数を振動数という（波の速度を v とすると，波長×振動数 $= v$ という関係がある）。振幅が大きいほど大きな音がでる。太鼓を強く叩くと振幅が大きくなる。音の調子の高低は，振動数によって決まる。高い調子の音のときは振動数が大きく，低い調子のときは振動数が小さい。除夜の鐘を聞くとき，寺によって鐘の音が違う。高く軽い鐘の音は振動数が大きく，低く沈んで聞こえる鐘の音は振動数が小さい。

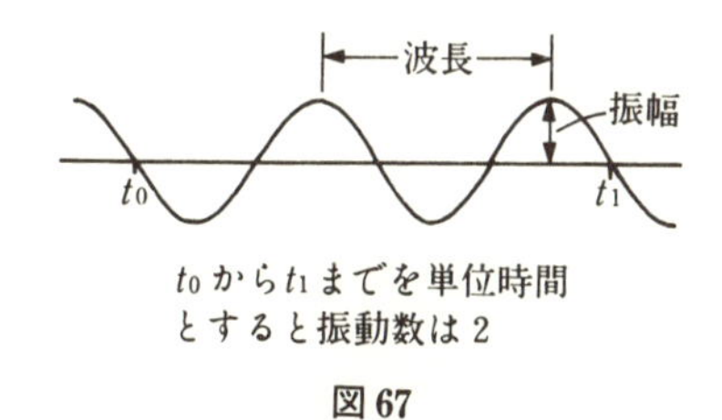

t_0 から t_1 までを単位時間とすると振動数は2

図67

私たちは，ヴァイオリンの弦の動きから伝わる正弦波

$$y = \sin x$$

をみてみたい。ヴァイオリンのように弦の両端を止めたとき，弦の

両端では振幅は0にならなくてはいけないから，弦の振動は節をつくる。

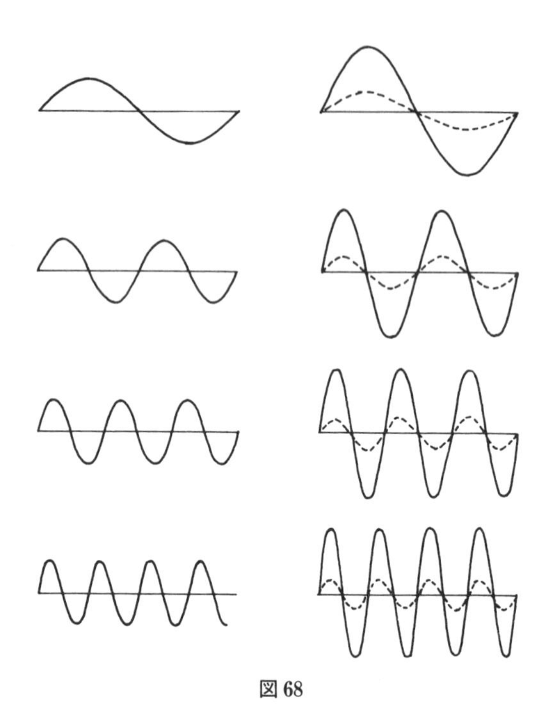

図68

図68で，左上の図は，正弦波の一周期を書いてある。波長は2πである。したがって波の速度を1とすれば，この振動数は2πとなる。

図68では，下に進むにつれて振動数が増えて，節の数が多くなっている。右の方の図は同じ振動数をもつ波で，振幅が2倍となったものと，$\frac{1}{2}$倍となったものを書いてある。数式で表わすと，図68のグラフの配置に対応して，次のような関数が登場する。

音の大きさ ／ 音の調子		大きくなる	小さくなる
	［図68の左］	［図68の右（実線）］	［図68の右（点線）］
低い	$y=\sin x$	$y=2\sin x$	$y=\frac{1}{2}\sin x$
⇓	$y=\sin 2x$	$y=2\sin 2x$	$y=\frac{1}{2}\sin 2x$
	$y=\sin 3x$	$y=2\sin 3x$	$y=\frac{1}{2}\sin 3x$
高い	$y=\sin 4x$	$y=2\sin 4x$	$y=\frac{1}{2}\sin 4x$

一般に

$$y=b\sin nx \qquad (n=1,2,3,\cdots) \qquad (1)$$

は，振幅 b，振動数 $\frac{2\pi}{n}$ の波を表わしている。b が大きくなると音は大きくなり，n が大きくなると音はかん高くなる。この波の1つの特徴は，図68を見てもわかるように，$0\leqq x\leqq\pi$ の範囲で波の形が決まっていることである。実際，$\pi\leqq x\leqq 2\pi$ における波の形は，$0\leqq x\leqq\pi$ における波を，x 軸上の点 π に関し点対称に移したものになっている。これは

$$b\sin n(\pi-x)=-b\sin n(\pi+x)$$

という関数の性質が反映しているのであって，本質的には，$\sin x$ が奇関数であるという性質によっている。

ヴァイオリンの弦から流れ出る音波は，図68で示されるような形の波――単振動――だけとは限らない。一般には図69で示されているような複雑な波形をした音が流れ出ている。これは，異なる

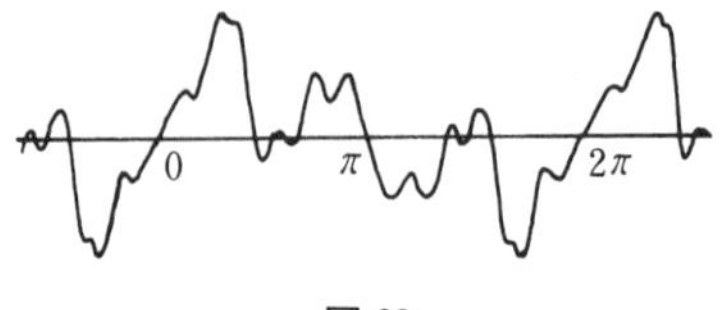

図 69

振幅と異なる節をもつ音が重なり合って，関数

$$b_1 \sin n_1 x + b_2 \sin n_2 x + \cdots$$

の表わすグラフとして音が伝わっていくからである。このときもグラフは，π に関して点対称であって，波の形は $0 \leqq x \leqq \pi$ で決まっている。特に $x=0$，π，2π で振幅は 0 となっている。

私たちは，さまざまな音がヴァイオリンの弦から流れ出るのを聞いている。この多様な音色を聞いていると，原理的には，$0 \leqq x \leqq \pi$ で与えられた連続関数

$$y = f(x)$$

が与えられて，$f(0) = f(\pi) = 0$ をみたしているならば，このグラフの波形を音波とする音が流れることもあると考えてよいのではないかと思えてくる。もちろん，このとき波は $\pi \leqq x \leqq 2\pi$ では，π に関して点対称の波として拡張し，あとは，2π を周期として波が伝わっていくとするのである（図 70）。

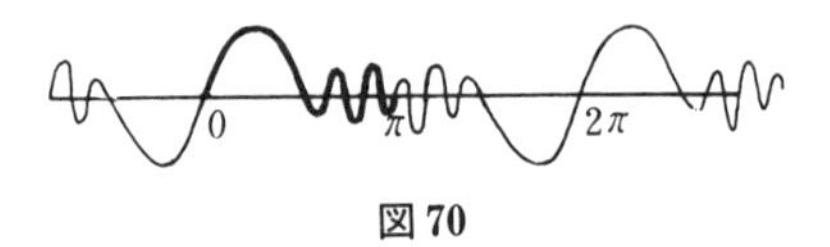

図 70

しかし，このもっともらしい予想がもし正しいとするならば，$y = f(x)$ のグラフは，それぞれの節をもつ音波の振動 (1) の重ね合わせとして得られていることになる。数学的な表わし方では，

$f(x)$ は

$$f(x) \sim b_1 \sin x + b_2 \sin 2x + b_3 \sin 3x + \cdots + b_n \sin nx + \cdots \qquad (2)$$

と展開されるだろうか，ということになる。このことは，$[0, \pi]$ で定義されて $f(0) = f(\pi) = 0$ をみたす任意の連続関数 $f(x)$ が，単振動の和に分解されてしまうことを意味している。このような大胆な予想は本当に成り立つのだろうか。これは明らかに数学の深い問題を誘発している。

この問題に立ち入っていく前に，ここでなぜ (2) で，左辺と右辺を等号 = で結ばないで，少しためらっているような記号～で結んだかを説明しなくてはならないだろう。

まず，たとえで述べてみよう。たとえば，2台のステレオ・コンポから出る音を比較するとき，耳を澄まし，各瞬間ごとのすべての振動数までを聞き分けてしまおうとする比べ方と，私たちの聴覚に達するか達しないかわからぬような瞬間的な雑音の違いなどは無視して，全体として音の流れを聞き比べるという比べ方もある。前者は，各瞬間ごとの音波の波形がどれだけ違うかに注目していることになるし，後者は，波形の全体の概形の平均的な違いに注目していることになるだろう。この平均的な違いというところで，前日の午後のことを思い出されてもよいのである。

同じように (2) でも，$y = f(x)$ で表わされるグラフが，右辺で表わされる単振動の重ね合わせとして得られる音波を，どの程度表わしているかという見方に，いろいろなニュアンスが生じてくるだろう。数学的には，このニュアンスは，(2) の右辺の n 項までの和をとって得られる部分和

$$\sigma_n(x) = \sum_{k=1}^{n} b_k \sin kx$$

が，どのような近似の仕方で，$f(x)$ に近づいていくかを考えることに対応している.

数学では近似の仕方はいろいろ考えられる。それはいま述べたように，私たちが $y=f(x)$ のグラフを，どの程度まで，弦の調べ $\sigma_n(x)$ の究極的に実現されるものと見るかによっている。この中でも，もっとも重要と思われる2つの近似の仕方を述べておこう。今の場合，波形は $0 \leqq x \leqq \pi$ で決まるから，区間 $[0, \pi]$ の上だけで近似の問題を考えれば十分である。

（i） 一様収束

任意の正数 ε に対して，自然数 N を十分大きくとると，$n \geqq N$ のとき，すべての $x \in [0, \pi]$ で

$$|f(x)-\sigma_n(x)|<\varepsilon$$

が成り立つ。

（ii） 平均収束

任意の正数 ε に対して，自然数 N を十分大きくとると，$n \geqq N$ のとき

$$\int_0^\pi |f(x)-\sigma_n(x)|^2\,dx<\varepsilon$$

が成り立つ。

（i）が成り立つということは，$y=f(x)$ のグラフの両わきに，幅 ε の‘緩衝地帯’をつくっておくと，$n \geqq N$ のとき，$y=\sigma_n(x)$ のグラフが，すべてこの緩衝地帯に入っているということである（図71 (a)）。$\sigma_n(x)$ の表わす音の揺れは，どこでも，$f(x)$ のグラフとそう大きい隔りはなくなってくる。このことが成り立つときには，私たちは (2) を，もっと明確に

$$f(x)=b_1\sin x+b_2\sin 2x+b_3\sin 3x+\cdots+b_n\sin nx+\cdots$$

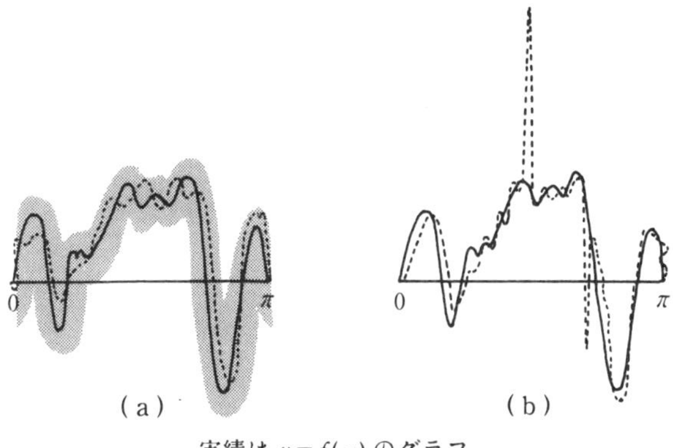

実績は $y=f(x)$ のグラフ
点線は $y=\sigma_n(x)$ のグラフ

図 71

と，等号を用いて表わすことにしよう。

（ii）が成り立つということは，前日4日目の午後にも述べたように，区間 $[0, \pi]$ の全体にわたって平均的な見方をする限りでは，$\sigma_n(x)$ は，$f(x)$ に近づいているといってよい状況が生じていることを示している（図71(b)）。音が大きくずれる場所はあるかもしれないが，そのような場所はしだいに全体の中で無視できるように小さくなっていく。（ここで積分の中で，絶対値に2乗をつけているのは，背景に数学の一般理論があるからである。）このことが成り立つときには，私たちは (2) を，やはり記号～を残して

$$f(x) \sim b_1 \sin x + b_2 \sin 2x + b_3 \sin 3x + \cdots + b_n \sin nx + \cdots$$

と表わすことにする。

(2) の意味がこのように確定すると，問題の解答を次の定理の形で述べることができるようになる。関数 $f(x)$ は区間 $[0, \pi]$ 上で定義されていて，$f(0) = f(\pi) = 0$ をみたしているとする。

【定理 1′】 $f(x)$ を微分可能な関数で，$f'(x)$ は連続とする。このとき $f(x)$ はただ一通りに

$$f(x) = b_1 \sin x + b_2 \sin 2x + b_3 \sin 3x + \cdots + b_n \sin nx + \cdots$$

と表わされる。

【定理 2′】 $f(x)$ が連続関数ならば，$f(x)$ はただ一通りに

$$f(x) \sim b_1 \sin x + b_2 \sin 2x + b_3 \sin 3x + \cdots + b_n \sin nx + \cdots$$

と表わされている。

この右辺に現われる級数を $f(x)$ のフーリエ展開という。

定理 1′ で述べていることは，滑らかで，どこにも角(カド)のないようなグラフで表わされる連続関数は，（一般には無限個の）単振動の合成として得られていると考えてもよいということである。定理 2′ で述べていることは連続関数のグラフが実際は非常にたくさんの角(カド)（ぎざぎざした歯型のようなグラフ！）をもつようになると，一般的には定理 1′ までの結果を望むことは無理だが，平均収束としておくならば，やはり単振動の合成として得られていると考えてよいということである。

あるいは，定理 1′ は，私たちがどのように流暢に流れる曲を想像しても，それは原理的には弦楽器で演奏できるということを示しているといった方が，わかりやすいかもしれない。同じように定理 2′ は，時々瞬間的には強く軋むような音を立てる曲でも，曲全体の流れだけを聞こうということならば，弦楽器で演奏してみせることができるということを述べているとも考えられる。

この定理で，各単振動の振幅を与えている係数 $b_1, b_2, b_3, \cdots,$

$b_n, \cdots$は，$f(x)$によってただ一通りに決まると書いてあるが，これらは$f(x)$によってどのように決まるのだろうか？

このことを述べるためには，今までの話のような，ヴァイオリンの弦から発する音をたとえにするのは止めて，もう少し一般的な設定にしておく方がよい。すなわち，私たちは関数$f(x)$に対して，$x=\pi$のところで必ず節が出るような条件を外してしまおう。したがってまた$f(0)=f(\pi)=0$という条件を外してしまおう。私たちは，周期2πで動く波を，区間$[0, 2\pi]$に限って見ることにしよう。

そのことは，これからは区間$[0, 2\pi]$で定義された連続関数

$$y=f(x), \qquad f(0)=f(2\pi)$$

を考えることを意味する。

このとき，$y=f(x)$のグラフで表わされる波は，$x=\pi$に関する点対称性を一般にはもたないから，単に$\sin x$，$\sin 2x$，$\sin 3x$，……の系列だけで近似していくわけにはいかない。私たちはこれらよりも，$\dfrac{1}{4}$周期だけ遅れて進む波

$$\cos x,\ \cos 2x,\ \cos 3x,\ \cdots\cdots$$

にも注目する。

このとき，定理1′，定理2′に対応する定理は次のようになる。

【定理1】 $f(x)$は$[0,\ 2\pi]$で定義されていて各点で微分可能，かつ$f'(x)$は連続とする。また$f(0)=f(2\pi)$とする。このとき，$0 \leqq x \leqq 2\pi$で

$$f(x)=\frac{1}{2}a_0+a_1\cos x+a_2\cos 2x+a_3\cos 3x+\cdots+a_n\cos nx+\cdots+b_1\sin x+b_2\sin 2x+b_3\sin 3x+\cdots+b_n\sin nx+\cdots$$

とただ一通りに表わされる。ここで等号は，右辺が $[0, 2\pi]$ で $f(x)$ に一様収束していることを示す。

【定理2】 $f(x)$ は $[0, 2\pi]$ で定義された連続関数とし，$f(0) = f(2\pi)$ とする。このとき $0 \leqq x \leqq 2\pi$ で

$$f(x) \sim \frac{1}{2}a_0 + a_1 \cos x + a_2 \cos 2x + a_3 \cos 3x + \cdots + a_n \cos nx + \cdots + b_1 \sin x + b_2 \sin 2x + b_3 \sin 3x + \cdots + b_n \sin nx + \cdots$$

とただ一通りに表わされる。ここで～は，右辺が $[0, 2\pi]$ で $f(x)$ に平均収束をしていることを示す。

実際は，定理 1，2 で，$f(x)$ は有限個の点で不連続点があっても，（定理 1 の方は少し補正した上で）やはり定理は成り立つことが知られているのであるが，ここではそこまでは立ち入らない。

前の定理 1′，2′ とこの定理 1，2 との関係について述べておこう。$f(x)$ について定理 1′，2′ の際に課した条件を付しておき，$f(x)$ を $f(\pi - x) = -f(\pi + x)$ という形で $[0, 2\pi]$ の関数へ拡張しておくと，その結果定理 1，2 の右辺で必然的に $a_0 = a_1 = a_2 = \cdots = a_n = \cdots = 0$ となり，定理 1，2 は，定理 1′，2′ となるのである。

さて，a_n，b_n は次の定理によって，$f(x)$ から直接に求められる。

【定理3】 定理 1，定理 2 において，a_m $(m = 0, 1, 2, \cdots)$，b_m $(m = 1, 2, \cdots)$ は次の式で与えられる：

$$a_m = \frac{1}{\pi}\int_0^{2\pi} f(x) \cos mx \, dx \qquad (m = 0, 1, 2, \cdots)$$

$$b_m = \frac{1}{\pi}\int_0^{2\pi} f(x) \sin mx \, dx \qquad (m = 1, 2, \cdots)$$

この定理を成り立たさせる根拠ともいうべきものは，$\{1,\ \cos x,\ \cos 2x,\ \cos 3x, \cdots;\ \sin x,\ \sin 2x,\ \sin 3x,\ \cdots\}$ というたくさんの関数の相互の間に次の特徴的な性質が成り立つことにある。

（I）$m \neq n$ のとき

$$\int_0^{2\pi} \cos mx \cos nx\, dx = 0$$

$$\int_0^{2\pi} \cos mx \sin nx\, dx = 0$$

$$\int_0^{2\pi} \sin mx \sin nx\, dx = 0$$

（II）$n = 1, 2, \cdots$ に対し

$$\int_0^{2\pi} \cos^2 nx\, dx = \pi$$

$$\int_0^{2\pi} \sin^2 nx\, dx = \pi$$

たとえば（I）の第1式は

$$\cos mx \cos nx = \frac{1}{2}\{\cos(m+n)x + \cos(m-n)x\}$$

に注意して

$$\int_0^{2\pi} \cos mx \cos nx\, dx = \frac{1}{2}\int_0^{2\pi} \cos(m+n)x dx + \frac{1}{2}\int_0^{2\pi} \cos(m-n)x dx$$

$$= \frac{1}{2}\frac{1}{m+n}\sin(m+n)x\Big|_0^{2\pi} + \frac{1}{2}\frac{1}{m-n}\sin(m-n)x\Big|_0^{2\pi} = 0$$

（I）を，関数列 $\{\cos mx,\ \sin nx\ (m = 0, 1, 2, \cdots;\ n = 1, 2, \cdots)\}$ の直交関係という。この関係によって，定理1の両辺に，たとえば $\cos mx$ をかけて，0から 2π まで積分してみると，（一様収束しているときは項別積分が可能だということを用いて）

$$\int_0^{2\pi} f(x)\cos mxdx = \frac{1}{2}a_0\int_0^{2\pi} 1\cdot\cos mx\,dx +$$
$$\cdots + a_n\int_0^{2\pi}\cos nx\cos mx\,dx + \cdots + a_m\int_0^{2\pi}\cos^2 mx\,dx +$$
$$\cdots + b_n\int_0^{2\pi}\sin nx\cos mx\,dx + \cdots = a_m\int_0^{2\pi}\cos^2 mx\,dx = \pi a_m$$

となり，したがって

$$a_m = \frac{1}{\pi}\int_0^{2\pi} f(x)\cos mx\,dx$$

となる。b_m も同様に求められる。これは定理 3 の内容である。

定理 2 の場合も同様の考えで，a_m，b_m が定理 3 で示してある形となることが証明できる。

この定理 3 を用いると，具体的な関数がどのような形で，定理 1，または定理 2 で述べている展開――フーリエ展開――で表わされるかは，定積分の計算を遂行すればわかることになった。しかし定理 3 で述べている定積分が簡単に求められるときもあるが，求められないときもある。どちらにしても，積分の計算をここで実行してみることは，ここでは少しなじまないように思うので，このことについては，解析学の教科書を参照して頂くことにして，ここでは一切省略することにしよう。

私たちは，むしろ，フーリエ展開を，現代数学はどのような視点で捉えているかを述べておきたい。説明はあとまわしにして，結果だけを述べると次のようになる。

現代数学では，区間 $[0, 2\pi]$ 上で定義された連続関数全体を無限次元ベクトル空間 $C[0, 2\pi]$ であると考え，ここに関数 f と g の内積として

$$(f, g) = \int_0^{2\pi} f(x)g(x)dx$$

を導入したとき，

$$\frac{1}{\sqrt{2\pi}},\ \frac{\cos x}{\sqrt{\pi}},\ \frac{\cos 2x}{\sqrt{\pi}},\ \cdots,\ \frac{\sin x}{\sqrt{\pi}},\ \frac{\sin 2x}{\sqrt{\pi}},\cdots$$

が正規直交基底をつくる。この正規直交基底に関する $f(x)$ の展開が f のフーリエ展開（定理2の形）であるとみるのである。

しかし，こう書いてみても何のことかわからないだろう。ベクトル空間と内積について，2次元ベクトル空間 $\boldsymbol{R}^2$，3次元ベクトル空間 $\boldsymbol{R}^3$ の場合にまず基本的なことを思い出しておくことにしよう。それから徐々に関数空間 $C[0,\ 2\pi]$ の方へ話を持ち上げていくことにする。

$\boldsymbol{R}^2$ とは，2次元数ベクトル全体のつくる集りである。2次元数ベクトルとは

$$\boldsymbol{x} = (x_1,\ x_2)$$

と表わされるものであって（ここでは横ベクトルで表記した），ベクトル $\boldsymbol{x} = (x_1,\ x_2)$，$\boldsymbol{y} = (y_1,\ y_2)$ との間には，和

$$\boldsymbol{x} + \boldsymbol{y} = (x_1 + y_1,\ x_2 + y_2)$$

および実数 α に対して，スカラー積

$$\alpha\boldsymbol{x} = (\alpha x_1,\ \alpha x_2)$$

が定義されている。数ベクトルが，この2つの演算をもつというこ

とに注目して，$\boldsymbol{R}^2$ を 2 次元のベクトル空間という。

$\boldsymbol{R}^3$ は 3 次元の数ベクトル

$$\boldsymbol{x} = (x_1,\ x_2,\ x_3)$$

からなる。ここにも和とスカラー積が自然に定義されて，ベクトル空間となる。

$\boldsymbol{R}^2$，$\boldsymbol{R}^3$ で，ベクトルの足し算とスカラー積だけではなくて，長さとか角度も求めたいというときには，内積という考えを使うと便利である。数ベクトル $\boldsymbol{x}$，$\boldsymbol{y}$ に対し，その内積 $(\boldsymbol{x}, \boldsymbol{y})$ を

$$\boldsymbol{R}^2 \text{ の場合}：(\boldsymbol{x}, \boldsymbol{y}) = x_1y_1 + x_2y_2$$

$$\boldsymbol{R}^3 \text{ の場合}：(\boldsymbol{x}, \boldsymbol{y}) = x_1y_1 + x_2y_2 + x_3y_3$$

と定義する。

このとき，ベクトル $\boldsymbol{x}$，$\boldsymbol{y}$ との距離を

$$\|\boldsymbol{x}-\boldsymbol{y}\| = \sqrt{(\boldsymbol{x}-\boldsymbol{y},\ \boldsymbol{x}-\boldsymbol{y})}$$

$$= \begin{cases} \sqrt{(x_1-y_1)^2+(x_2-y_2)^2} & (\boldsymbol{R}^2 \text{ の場合}) \\ \sqrt{(x_1-y_1)^2+(x_2-y_2)^2+(x_3-y_3)^2} & (\boldsymbol{R}^3 \text{ の場合}) \end{cases}$$

によって測ることができる。これは，座標をとったときの，ふつうの 2 点間の距離である。

また，

$$\|\boldsymbol{x}\| = \|\boldsymbol{x}-\boldsymbol{0}\|$$

とおいて，$\|\boldsymbol{x}\|$ をベクトル $\boldsymbol{x}$ の長さという。

2 つの $\boldsymbol{0}$ でないベクトル $\boldsymbol{x}$，$\boldsymbol{y}$ のつくる角を θ とすると

$$\cos\theta = \frac{(\boldsymbol{x}, \boldsymbol{y})}{\|\boldsymbol{x}\|\cdot\|\boldsymbol{y}\|}$$

と表わされる。特に

$$(\boldsymbol{x}, \boldsymbol{y}) = 0 \Longleftrightarrow \boldsymbol{x} \text{ と } \boldsymbol{y} \text{ が直交}$$

$\boldsymbol{R}^2$ の中に，2 本のベクトル $\tilde{\boldsymbol{e}}_1$，$\tilde{\boldsymbol{e}}_2$ があって，$\|\tilde{\boldsymbol{e}}_1\| = \|\tilde{\boldsymbol{e}}_2\| =$

1（長さが1！），$(\tilde{\boldsymbol{e}}_1,\ \tilde{\boldsymbol{e}}_2)=0$（互いに直交）をみたしていれば，$\{\tilde{\boldsymbol{e}}_1,\ \tilde{\boldsymbol{e}}_2\}$は新しい直交座標の座標軸を与えていると考えることができる（図72）。$\{\tilde{\boldsymbol{e}}_1,\ \tilde{\boldsymbol{e}}_2\}$を座標軸として採用したとき，$\boldsymbol{R}^2$のベクトル$\boldsymbol{x}$はただ一通りに

$$\boldsymbol{x}=(\boldsymbol{x},\ \tilde{\boldsymbol{e}}_1)\tilde{\boldsymbol{e}}_1+(\boldsymbol{x},\ \tilde{\boldsymbol{e}}_2)\tilde{\boldsymbol{e}}_2$$

と表わされる。$(\boldsymbol{x},\ \tilde{\boldsymbol{e}}_1)$，$(\boldsymbol{x},\ \tilde{\boldsymbol{e}}_2)$は，それぞれ$\boldsymbol{x}$の$\tilde{\boldsymbol{e}}_1$-成分，$\tilde{\boldsymbol{e}}_2$-成分を表わしている。

$\boldsymbol{R}^3$の中に，3本のベクトル$\tilde{\boldsymbol{e}}_1,\ \tilde{\boldsymbol{e}}_2,\ \tilde{\boldsymbol{e}}_3$があって，$\|\tilde{\boldsymbol{e}}_1\|=\|\tilde{\boldsymbol{e}}_2\|=\|\tilde{\boldsymbol{e}}_3\|=1$，$(\tilde{\boldsymbol{e}}_i,\ \tilde{\boldsymbol{e}}_j)=0\ (i\neq j)$をみたしていれば$\{\tilde{\boldsymbol{e}}_1,\ \tilde{\boldsymbol{e}}_2,\ \tilde{\boldsymbol{e}}_3\}$は新しい直交座標の座標軸を与えていると考えることができる（図72）。$\{\tilde{\boldsymbol{e}}_1,\ \tilde{\boldsymbol{e}}_2,\ \tilde{\boldsymbol{e}}_3\}$を座標軸として採用したとき，$\boldsymbol{R}^3$のベクトル$\boldsymbol{x}$は，ただ一通りに

$$\boldsymbol{x}=(\boldsymbol{x},\ \tilde{\boldsymbol{e}}_1)\tilde{\boldsymbol{e}}_1+(\boldsymbol{x},\ \tilde{\boldsymbol{e}}_2)\tilde{\boldsymbol{e}}_2+(\boldsymbol{x},\ \tilde{\boldsymbol{e}}_3)\tilde{\boldsymbol{e}}_3$$

と表わされる。

同じような考えで，n次元ベクトル空間$\boldsymbol{R}^n$を考えることができる。$\boldsymbol{R}^n$はn次元数ベクトル

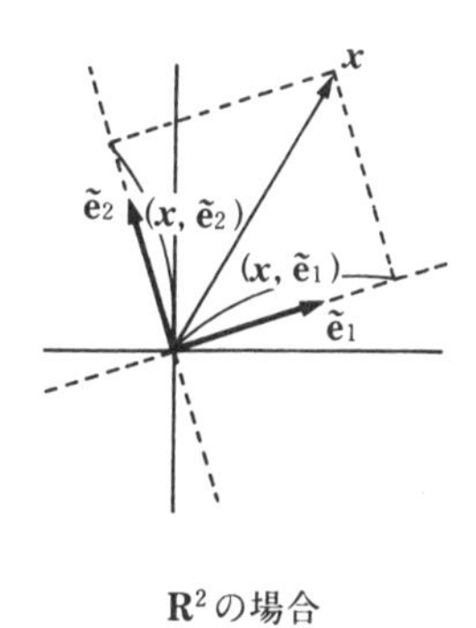

R^2の場合

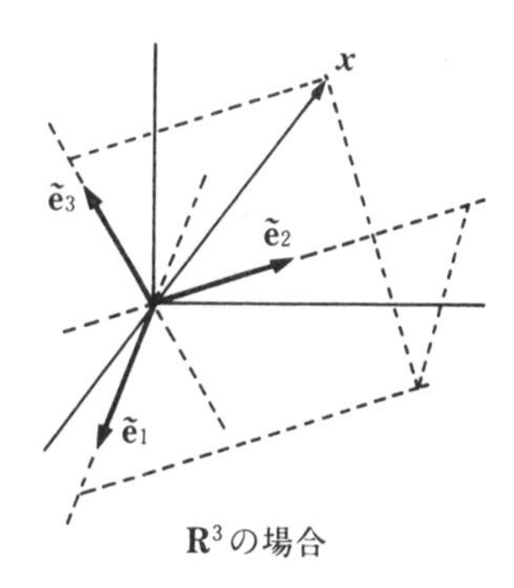

R^3の場合

図72

$$\boldsymbol{x} = (x_1, x_2, \cdots, x_n)$$

からなる空間である。$\boldsymbol{x}$ と $\boldsymbol{y} = (y_1, y_2, \cdots, y_n)$ との内積は

$$(\boldsymbol{x}, \boldsymbol{y}) = x_1y_1 + x_2y_2 + \cdots + x_ny_n$$

で定義する。このとき

$$\| \boldsymbol{x} \| = \sqrt{x_1{}^2 + x_2{}^2 + \cdots + x_n{}^2}$$

である。$\boldsymbol{R}^n$ の n 個のベクトル $\tilde{\boldsymbol{e}}_1, \tilde{\boldsymbol{e}}_2, \cdots, \tilde{\boldsymbol{e}}_n$ が与えられて，

$$\| \tilde{\boldsymbol{e}}_1 \| = \| \tilde{\boldsymbol{e}}_2 \| = \cdots = \| \tilde{\boldsymbol{e}}_n \| = 1$$

$$(\tilde{\boldsymbol{e}}_i, \tilde{\boldsymbol{e}}_j) = 0 \qquad (i \neq j)$$

をみたすとき，$\{\tilde{\boldsymbol{e}}_1, \tilde{\boldsymbol{e}}_2, \cdots, \tilde{\boldsymbol{e}}_n\}$ を $\boldsymbol{R}^n$ の正規直交基底という。このとき，$\boldsymbol{R}^n$ のベクトル $\boldsymbol{x}$ は，ただ一通りに

$$\boldsymbol{x} = (\boldsymbol{x}, \tilde{\boldsymbol{e}}_1)\tilde{\boldsymbol{e}}_1 + (\boldsymbol{x}, \tilde{\boldsymbol{e}}_2)\tilde{\boldsymbol{e}}_2 + \cdots + (\boldsymbol{x}, \tilde{\boldsymbol{e}}_n)\tilde{\boldsymbol{e}}_n$$

と表わされる。

それでは区間 $[0, 2\pi]$ 上で定義された連続関数全体のつくる空間 $C[0, 2\pi]$ に対しても，似たような考えを適用しようとするには，一体，どのようにしたらよいのだろうか。

まず，f，$g \in C[0, 2\pi]$ に対して，和 $f+g$ と，スカラー積 αf $(\alpha \in \boldsymbol{R})$ が定義されるのは問題ない。したがって $C[0, 2\pi]$ はベクトル空間となる。

ところで内積は？

数学者は，f と g の内積を

$$(f,\ g) = \int_0^{2\pi} f(x)g(x)\,dx \qquad (3)$$

とおくのが，もっとも自然なことだと考えたのである。自然なことだと考えた１つの理由は，右辺を積分の定義にしたがって表わしてみると

$$\lim_{n\to\infty}\frac{1}{n}\Big\{f\Big(2\pi\frac{1}{n}\Big)g\Big(2\pi\frac{1}{n}\Big)+f\Big(2\pi\frac{2}{n}\Big)g\Big(2\pi\frac{2}{n}\Big)+ \cdots+f\Big(2\pi\frac{k}{n}\Big)g\Big(2\pi\frac{k}{n}\Big)+\cdots+f\Big(2\pi\frac{n}{n}\Big)g\Big(2\pi\frac{n}{n}\Big)\Big\}$$

であり，この式は $\boldsymbol{R}^n$ の2つのベクトル

$$\Big(f\Big(2\pi\frac{1}{n}\Big),\ f\Big(2\pi\frac{2}{n}\Big),\ \cdots,\ f\Big(2\pi\frac{k}{n}\Big),\ \cdots,\ f\Big(2\pi\frac{n}{n}\Big)\Big)$$

$$\Big(g\Big(2\pi\frac{1}{n}\Big),\ g\Big(2\pi\frac{2}{n}\Big),\ \cdots,\ g\Big(2\pi\frac{k}{n}\Big),\ \cdots,\ g\Big(2\pi\frac{n}{n}\Big)\Big)$$

の内積をとって，収束するため $\dfrac{1}{n}$ をかけて，$n\to\infty$ としたものとみることができるからである。

その意味で，内積を(3)で導入した $C[0,2\pi]$ は，$\boldsymbol{R}^n$ の $n\to\infty$ として得られる無限次元ベクトル空間であるとみられる。

なお，この内積の定義では，f の長さ $\|f\|$ は

$$\|f\|=\Big(\int_0^{2\pi}f(x)^2\,dx\Big)^{\frac{1}{2}}$$

で与えられることを注意しておこう。そこでいまフーリエ展開のもととなった関数列を

$$(*)\begin{cases}\tilde{\boldsymbol{e}}_0=\dfrac{1}{\sqrt{2\pi}},\quad \tilde{\boldsymbol{e}}_1=\dfrac{1}{\sqrt{\pi}}\cos x,\ \cdots,\ \tilde{\boldsymbol{e}}_n=\dfrac{1}{\sqrt{\pi}}\cos nx,\ \cdots\\[2ex] \tilde{\tilde{\boldsymbol{e}}}_1=\dfrac{1}{\sqrt{\pi}}\sin x,\ \tilde{\tilde{\boldsymbol{e}}}_2=\dfrac{1}{\sqrt{\pi}}\sin 2x,\ \cdots,\ \tilde{\tilde{\boldsymbol{e}}}_n=\dfrac{1}{\sqrt{\pi}}\sin nx,\ \cdots\end{cases}$$

とおくと，

$$\|\tilde{\boldsymbol{e}}_0\|=\|\tilde{\boldsymbol{e}}_1\|=\|\tilde{\boldsymbol{e}}_2\|=\cdots=1$$
$$\|\tilde{\tilde{\boldsymbol{e}}}_1\|=\|\tilde{\tilde{\boldsymbol{e}}}_2\|=\cdots=1$$

は(II)を用いてすぐ確かめられる。たとえば

$$\|\tilde{\boldsymbol{e}}_n\|^2 = (\tilde{\boldsymbol{e}}_n,\ \tilde{\boldsymbol{e}}_n) = \int_0^{2\pi} \frac{1}{\sqrt{\pi}} \cos nx \frac{1}{\sqrt{\pi}} \cos nx\, dx$$
$$= \frac{1}{\pi} \times \pi = 1$$

同様に（Ｉ）を用いて，（＊）は相互に直交するという性質

$$(\tilde{\boldsymbol{e}}_i, \tilde{\boldsymbol{e}}_j) = (\tilde{\tilde{\boldsymbol{e}}}_i, \tilde{\tilde{\boldsymbol{e}}}_j) = 0 \qquad (i \neq j)$$
$$(\tilde{\boldsymbol{e}}_i, \tilde{\tilde{\boldsymbol{e}}}_j) = 0$$

をみたしていることもわかる。

いいかえると，（＊）は，$C[0, 2\pi]$ の正規直交基底をつくっている！　したがって，$\boldsymbol{R}^2$，$\boldsymbol{R}^3, \cdots, \boldsymbol{R}^n, \cdots$の類似を追って考えてみると，任意の $f \in C[0, 2\pi]$ を，この基底（座標軸！）に関して展開することができるのではなかろうか，またその結果は

$$f = (f, \tilde{\boldsymbol{e}}_0)\tilde{\boldsymbol{e}}_0 + (f, \tilde{\boldsymbol{e}}_1)\tilde{\boldsymbol{e}}_1 + (f, \tilde{\boldsymbol{e}}_2)\tilde{\boldsymbol{e}}_2 + \cdots$$
$$+ (f, \tilde{\tilde{\boldsymbol{e}}}_1)\tilde{\tilde{\boldsymbol{e}}}_1 + (f, \tilde{\tilde{\boldsymbol{e}}}_2)\tilde{\tilde{\boldsymbol{e}}}_2 + \cdots$$

となるのではなかろうかと予想される。実際この予想が正しいということ——ただし等号を～に代えて——を保証するのが，定理２の意味するものであった。

一日の旅を終えて

対　話

太郎君　午前のお話では，三角関数が巾級数を通して，複素数の世界へと広がっていきますし，午後の話では，弦の固有振動を通して，無限次元のベクトル空間へと広がっていきました。三角関数というと，すぐに三角形のことを思い浮かべるか，加法定理はどんな公式だったろうかなどと考えていたことが，何だか小さい世界を覗いていたにすぎなかったような気がしました。三角関数や指数関数は数学にとって，重要な意味をもつ関数であることはよくわかりましたが，午前の話では，巾級数を用いれば，実数と複素数の間を自由に往き来することのできる関数は，たくさんつくることができそうです。そのようにしてつくった関数の中で，僕はまだ知りませんが，指数関数や三角関数のように数学の十字路に立っていきいきと働くような関数はこれ以外にもたくさんあるのですか。

無涯先生　これは難しい質問である。確かに，巾級数は，収束する範囲ではよい性質をもった関数を表わしている。しかし，1つの巾級数をとったとき，この巾級数で表わされる関数と $\sin x$ が，どちらがよい関数を表わしているかなどということを，単に巾級数の係数を比べてみて判定することなど，もちろんできないことである。しかしいろいろな関数を見ていると，君のたとえでいえば，いつも賑やかな十字路に立っていて，たくさんの関係式の中に登場してくるような関数もあるし，日の当らない場所でぽつんとひとりでいるような関数もある。数学の中で関数の重要性を評価するとすれば，それはやはり，この関数がどれほど多くの分野で活躍しているかを見ることになるだろう。しかし，日の当らない場所にいる関数にも，突然日が当り，賑やかとなることがあるかもしれない。このような契機は，しばしば他の分野で数学が用いられたときから生じてくる。実験で得られたある物理現象を表現するのに，いままではあまり用いられなかったが，この現象の記述に対しては絶対この関数が必要だということもある。そのときこの関数は，同時に数学の舞台の中央にも登場したことになる。一般的にいえば，数学という世界の中だけでみている限りでは，関数はいくらでも構成できるとしても，それらの関数の重要性をどのように見定めてよいかわからぬことも多い。

太郎君　フーリエというのは数学者の名前だと思いますが，フーリエが，フーリエ展開を見出したのも，やはり数学の外部からの刺激によったのでしょうか。

無涯先生　そういってよいと思う。フーリエ（1768～1830）はフランスの数学者である。18世紀後半から19世紀はじめにかけては，解析学の主要な方向は，物理学の問題を偏微分方程式の問題として定式化して，それをいかに解くかにかかっていた。物理学といっても，主にニュートン力学に関係するものであったが，産業革命後，英国で‘熱機関’が盛んに用いられるようになると，フランスでは熱伝導の解析的理論を求めようとする動きが生じてきた。フーリエは熱伝導に関する偏微分方程式を提起し，これを現在でいう変数分離法で解いたのであるが，この過程で，関数をフーリエ展開によって表わすという着想が生じてきたのである。フーリエの最初の論文は，いろいろ厳密性を欠いていると，反対されたが，フーリエはその後も研究を続け，1822年になって『熱の解析的理論』という本に彼の考えを纏めて著したのである。数学史の上から見ると，18世紀末に多少将来の方向に対して懐疑的となっていた解析学に対し，フーリエの仕事は，まったく未開拓な新しい道を提示して，新風をもたらしただけでなく，同時にまた解析学にもっと明確な基盤を与えようとする動きにもつながっていったのである。

太郎君　午後のお話の最後に述べられたことに関連して，少しお聞きしたいことがあります。n次元のベクトル空間ならば，n個直交するベクトルをもってくれば，それらを座標軸を示す基底ベクトルとして考えることによって，任意のベクトルがこの基底ベクトルの一次結合として表わせるということはよくわかります。しかし$C[0,2\pi]$のように‘無限次元’になると，どれだけ直交するベクトルをもってきてよいのか，際限ない感じがします，（＊）で示された$\{\cos mx,\ \sin nx\}$で十分だということは，どうしてわかるのでしょう。

無涯先生　君の質問していることは，ふつう正規直交基底が完全であるといい表わされていることで，今の場合ならば$\{\cos mx,\ \sin nx\ (m=0,1,2,\cdots;\ n=1,2.\cdots)\}$に直交するような関数は0しかないという性質である。すなわち

$$\int_0^{2\pi} f(x)\cos mx = 0, \qquad m=0,1,2,\cdots$$

$$\int_0^{2\pi} f(x)\sin nx = 0, \qquad n=1,2,\cdots$$

をみたすならば，$f(x)=0$という性質である。

$\{\cos mx,\ \sin nx\}$に直交する関数が0しかなければ，もうこれに新しく座標軸となる関数をつけ加えるわけにはいかない。その意

味で完全であるというのである。与えられた関数空間の中で，正規直交基底が完全かどうかを判定することは，展開公式が成り立つかどうかを知ることと，大体同じことになっている。

太郎君　関数のつくる空間を考えるときには，微分的な考えより，積分的な考えが基本となるのでしょうか。

無涯先生　関数の近さを測るとき，各点ごとの近さを問題としては，関数 f と g をそれぞれ抽象的なベクトルと考えて，その距離を測るというような考えは，なかなか得られないだろう。関数 f や g を，それ自身，無限次元空間のベクトルとか点のように見るためには，どうしてもグラフ全体を一度に把握するような視点，すなわち関数の大域的な挙動に眼を向けることになる。そこに平均的挙動の違いを'測る'という積分的視点が生じてくる。ここで今日の旅と 4 日目の旅と道がつながってくるのである。なお，このような視点は抽象化されて，ヒルベルト空間とよばれる理論となり，この理論は量子力学の数学的な表現として用いられたのである。

6日目

求める――方程式

ながれ行(ゆく)木の葉の淀む江(え)にしあれば
暮(くれ)てののちも秋は久しき
――源 実朝

午　前

スーパー・マーケットなどへ行ったときよく経験することだが，値段もよく確かめないで商品を買う。たとえば6個同じ商品を買って，レジで1000円払ったところ22円お釣りをもらった。家へ帰ってから，さて単価はいくらだったのだろうかと考える。考える仕方は人によってまちまちだろうが，数学的には，単価をxとすれば，方程式

$$1000-6x=22$$

を解くことになる。移項して

$$6x=1000-22=978$$

となるから，$x=163$（円）を得る。

このような値の求め方は，経済活動があればいつでも生じてくるものだから，どのように数式を用いて表わすかは別とすれば，古くから用いられてきた考えであろう。

このことを数学的にまとめれば，簡単に1次方程式

$$ax+b=0 \qquad (a \neq 0)$$

の解は，

$$x=-\frac{b}{a}$$

で与えられるということになる。

方程式というと，ある年配以上の人は，1次方程式よりは最初に

ツル・カメ算を思い出されるかもしれない。ツル・カメ算とは次のような問題である。「あるところに，ツルとカメがいた。頭数(アタマカズ)を数えたら18であり，足の数だけ数えたら52であった。ツルの数とカメの数はいくらか？」これは，ツルの数をx，カメの数をyとすると，2元1次の連立方程式

$$x+y=18 \qquad (1)$$

$$2x+4y=52 \qquad (2)$$

を解くことになる。2元というのは，未知数が2つあるということである。これを解くには(2)－2×(1)をつくって

$$2y=16$$

となり，これから$y=8$，したがって$x=10$と解が求められる。

このような問題の発祥も，またずっと古い時代まで溯れるかもしれない。1次方程式も2元1次の連立方程式も，ごく身近な問題から出てきたという意味では，水源はごく近くにあった。しかし，その後，この2つの水源から流れ出た水は，別の尾根筋を伝わって数学史の上では全然異なる方向へと流れて行くようになった。

すなわち，1次方程式の方は2次方程式，3次方程式，4次方程式と次数を上げる方向へ進んで，16世紀までには，数学者はそこでの解を求めることにも成功した。しかし5次方程式の解法は見出すことができず，結局は，5次以上の方程式は，「代数的には解けない」ことが，19世紀になってアーベルとガロアで示されたのである。しかし，この過程で得られたガロア理論は，現代数学の幕明けを告げることとなった。

一方，2元1次の連立方程式の方は，3元1次の連立方程式あたりから，一気にn元1次の連立方程式の考察へと進んで，それは行列式という概念を導入することにより，17世紀，関孝和とライ

プニッツによって，完全に解法が見出された。行列式の理論は，やがて線形写像の理論と結びついて，線形代数への扉を開くことになったのである。

午前中は，最初の方の水源から流れ出た水を追って，2次，3次，4次方程式の解法を述べることからはじめていくことにしよう。

まず一般的に n 次の方程式というときには未知数 x が

$$a_0x^n+a_1x^{n-1}+\cdots+a_{n-1}x+a_n=0 \qquad (3)$$

という関係で与えられていることを指す。ここで $a_0\neq 0$ である。係数 $a_0, a_1, \cdots, a_{n-1}, a_n$ は，複素数としてもよいのだけれど，ここでは簡単のため実数としておく。

$a_0\neq 0$ なのだから，(3) の両辺を a_0 で割っておけば，はじめから n 次の方程式というときには

$$x^n+a_1x^{n-1}+\cdots+a_{n-1}x+a_n=0 \qquad (4)$$

を考えておけば十分である。ここで簡単な変換

$$x=X-\frac{a_1}{n}, \qquad \text{すなわち } X=x+\frac{a_1}{n}$$

を行なって，未知数を x から X に変える。このとき (4) は，未知数 X に関する方程式

$$\left(X-\frac{a_1}{n}\right)^n+a_1\left(X-\frac{a_1}{n}\right)^{n-1}+\cdots+a_{n-1}\left(X-\frac{a_1}{n}\right)+a_n=0 \quad (4')$$

となる。二項定理から

$$\left(X-\frac{a_1}{n}\right)^n=X^n-a_1X^{n-1}+\frac{n(n-1)}{2}\left(\frac{a_1}{n}\right)^2X^{n-2}-\cdots$$

となることに注意すると，(4′) を展開して整理すると X^{n-1} の係数は 0 となることがわかる。

X がわかれば，もちろん x はわかる。したがってこのことは，一般的な立場で方程式 (4) を解くには，実は，x^{n-1} の係数が 0 となっている方程式

$$x^n + a_2 x^{n-2} + a_3 x^{n-3} + \cdots + a_{n-1} x + a_n = 0 \qquad (5)$$

を解けば十分であるということを示している。

（I） 2 次方程式

このとき，(5) は

$$x^2 + a = 0$$

の形となる。したがって $x = \pm\sqrt{-a}$ となる。$a > 0$ ならば x は虚解となる。

（II） 3 次方程式

(5) を参照すると，3 次方程式

$$x^3 + 3ax + b = 0 \qquad (6)$$

が解けるとよい。（あとの解の形を見やすくするため，x の係数は $3a$ としてある。）そのためには因数分解の公式

$$\begin{aligned} &X^3 + Y^3 + Z^3 - 3XYZ \\ &\quad = (X+Y+Z)(X^2+Y^2+Z^2-XY-XZ-YZ) \\ &\quad = (X+Y+Z)(X+\omega Y+\omega^2 Z)(X+\omega^2 Y+\omega Z) \qquad (7) \end{aligned}$$

を用いるのが，手っ取り早い。ここで

$$\omega = \frac{-1+\sqrt{3}\,i}{2}$$

であって，ω は 1 の 3 乗根である：$\omega^3 = 1$

(7) の左辺を

$$X^3 + 3(-YZ)X + (Y^3 + Z^3) \qquad (7)'$$

と書き直して (6) と見比べてみると（(6) の x を (7)$'$ の X とみ

る！），もし

$$-YZ = a, \qquad Y^3+Z^3 = b \qquad (8)$$

をみたす Y，Z が求められれば，(6) の左辺と (7)′ の左辺は同じ式になる。一方 (7) の右辺を見ると，この式は完全に因数分解されているのだから，結局 (6) も因数分解されて，解は

$$x = -(Y+Z), \quad -(\omega Y+\omega^2 Z), \quad -(\omega^2 Y+\omega Z) \qquad (9)$$

で与えられることになる。

(8) をみたす Y，Z を求めるには，最初の式を3乗して

$$Y^3Z^3 = -a^3, \qquad Y^3+Z^3 = b$$

としてみるとよい。積と和がわかっているのだから，2次方程式に関する解と係数の関係から，Y^3，Z^3 は

$$t^2-bt-a^3 = 0$$

の解として求められる。したがって2次方程式の解の公式から

$$Y = \sqrt[3]{\frac{b+\sqrt{b^2+4a^3}}{2}}, \quad Z = \sqrt[3]{\frac{b-\sqrt{b^2+4a^3}}{2}}$$

が得られる。これを(9)に代入すると，3次方程式(6)の解の公式が得られた。これをカルダノの公式という。

(III)　4次方程式

(5) を参照すると，4次方程式

$$x^4+ax^2+bx+c = 0 \qquad (10)$$

が解けるとよい。移項して

$$x^4 = -ax^2-bx-c$$

として，この両辺に $tx^2+\frac{t^2}{4}$ を加えると

$$\left(x^2+\frac{t}{2}\right)^2 = (t-a)x^2-bx+\left(\frac{t^2}{4}-c\right) \qquad (11)$$

となる。ここで右辺が完全平方式となるように t を決めるには，右辺の判別式が 0 となるように，すなわち t を 3 次方程式

$$b^2-4(t-a)\left(\frac{t^2}{4}-c\right)=0$$

の解にとるとよい。この 3 次方程式の解はカルダノの公式によって求めることができる。

この解を (11) に代入すると，(11) は

$$\left(x^2+\frac{t}{2}\right)^2=(t-a)\left(x-\frac{b}{2(t-a)}\right)^2$$

となる。両辺のルートをとると

$$x^2+\frac{t}{2}=\pm\sqrt{t-a}\left(x-\frac{b}{2(t-a)}\right)$$

という 2 つの 2 次方程式が得られる。これを解いて，(10) の解が得られる。これをフェラリの解法という。

4 次までの方程式が，すでに 16 世紀に解けてしまったので，その後，多くの数学者が 5 次方程式の解法に挑戦したが，それは成功しなかったのである。この挑戦の中には，5 次方程式とは限らず，一般に n 次の方程式はどこまで簡単な形に還元できるかという問題も含まれていた。

たとえば任意の n 次方程式 ($n \geqq 3$) は，x^{n-1} の項を含まない (5) の形の方程式を解くことに還元されたが，(5) の未知数 x に対し，さらに

$$y=x^2+Ax+B \qquad (12)$$

とおいて，A と B を適当に決めると，y について

$$y^n+b_3y^{n-3}+\cdots+b_{n-1}y+b_n=0$$

という形の方程式が導かれることが示される。これが解ければ(12)から，2次方程式を解くことによって(5)の解xが求められる。したがってn次方程式を解くには，本質的にはx^{n-1}，x^{n-2}の項を含まない方程式を解くことに還元される。もちろん，このことを$n=3$の場合に適用すると，3次方程式を解くことは$y^3+b^3=0$を解くことに帰着されて，これは単に立方根をとることによって解かれるのである。

しかしもっと驚くべきことがいえるのである。それは3次方程式の解法を用いてもよいことにすると，$n \geqq 4$のとき，(5)を解くことは実は上のような意味で適当に変数を変換すると，x^{n-1}，x^{n-2}，x^{n-3}の項を含まないn次方程式

$$x^n + a_4 x^{n-4} + \cdots + a_{n-1} x + a_n = 0$$

を解くことに帰着されるのである。4次方程式が解けることは，この系となる。

したがってこの一般論から，懸案の5次方程式を解くには

$$x^5 + ax + b = 0$$

の形の方程式を解けばよいことになったのである！　問題は，煮つめられたようにみえた。しかし，ここまでが限界であった。

もっとも1つだけ注意しておくと，このように方程式の解を求めていく背景には，次の重要な結果が横たわっている。

> **代数学の基本定理**　n次の方程式は，複素数の中に必ずn個の解をもつ。

この定理は，18 世紀の大数学者，ダランベール，オイラー，ラグランジュ等により証明が試みられていたものであったが，完全な証明はガウスが 1797 年，彼の学位論文ではじめて与えた。その後ガウスはこの定理にさらに 3 つの異なる証明を与えている。

5 次以上の方程式は代数的に解けないことを，不完全な所はあったが最初に証明を与えたのは，ルフィニであった。彼のこれに関する最初の論文は 1798 年に発表されたが，これに対する明快な完全な証明は，1824 年になって，ノルウェーの数学者アーベルによってはじめて与えられたのである。この論文は，1826 年に刊行された『クレルレ』とよばれる有名な数学誌の第一巻に載せられている。

しかし，この証明も，やがて天才少年ガロア (1811—1832) によって得られた，現在ガロア理論とよばれている大きな夢のような理論の中に包括されてしまった。

なお，方程式が代数的に解けるとは，解が，方程式の係数から四則演算と巾根をとるという演算を有限回行なった結果得られるということである。

ルフィニにしても，アーベルにしても，5 次以上の方程式は代数的に解けないということを示すに当っては，解の置換という考えが中心にあった。この考えはラグランジュにまで溯るものであったが，ガロア理論では，さらにはっきりとした考えに基づいて，置換群という考えが入ってくる。

5 次以上の代数方程式には解の公式を見出すことはできない，という証明をどのようにするのかは，だれにとっても関心のあるところだろうが，やはり簡単に説明できないので，割愛せざるを得ない。その代り，ここでは，方程式の解法と置換群の考えとがどのように関わり合うかを，3次方程式の場合にみておこう。

この場合，問題となる置換群は3つのものの置換（順列）全体からなる群である。3つのものを簡単に{1，2，3}と表わすと，置換は次の6つからなる。

$$(*)\quad \begin{pmatrix}1 & 2 & 3\\1 & 2 & 3\end{pmatrix},\quad \begin{pmatrix}1 & 2 & 3\\2 & 1 & 3\end{pmatrix}$$
$$\begin{pmatrix}1 & 2 & 3\\2 & 3 & 1\end{pmatrix},\quad \begin{pmatrix}1 & 2 & 3\\1 & 3 & 2\end{pmatrix}$$
$$\begin{pmatrix}1 & 2 & 3\\3 & 1 & 2\end{pmatrix},\quad \begin{pmatrix}1 & 2 & 3\\3 & 2 & 1\end{pmatrix}$$

ここで，たとえば記号$\begin{pmatrix}1 & 2 & 3\\2 & 3 & 1\end{pmatrix}$は，1を2に，2を3に，3を1に置き換える置換を表わしている。

$$(☆)\qquad \sigma=\begin{pmatrix}1 & 2 & 3\\2 & 3 & 1\end{pmatrix}$$

と表わすときには，$\sigma(1)=2$，$\sigma(2)=3$，$\sigma(3)=1$によって，それぞれが何に置き換わったかを示すことにする。

最初にτ，続いてσの置換を行ったものを

$$\sigma\tau$$

と表わし，これをσとτの積ということにする。たとえばσが上の(☆)で与えられており，τが

$$\tau=\begin{pmatrix}1 & 2 & 3\\1 & 3 & 2\end{pmatrix}$$

のとき

$$\sigma\tau = \begin{pmatrix} 1 & 2 & 3 \\ 2 & 3 & 1 \end{pmatrix}\begin{pmatrix} 1 & 2 & 3 \\ 1 & 3 & 2 \end{pmatrix} = \begin{pmatrix} 1 & 2 & 3 \\ 2 & 1 & 3 \end{pmatrix}$$

となる。

また，‘何も動かさない置換’を

$$e = \begin{pmatrix} 1 & 2 & 3 \\ 1 & 2 & 3 \end{pmatrix}$$

と表わし，恒等置換という。

このとき，次の(i)，(ii)，(iii)が成り立つ。

(i)　任意の3つの置換 σ, τ, λ に対し

$$\sigma(\tau\lambda) = (\sigma\tau)\lambda$$

(ii)　任意の置換 σ に対し

$$e\sigma = \sigma e = \sigma$$

(iii)　任意の置換 σ に対し，σ の逆置換とよばれる σ^{-1} が存在して

$$\sigma\sigma^{-1} = \sigma^{-1}\sigma = e$$

が成り立つ。

σ が(☆)で与えられているときには

$$\sigma^{-1} = \begin{pmatrix} 1 & 2 & 3 \\ 3 & 1 & 2 \end{pmatrix}$$

となる（もとへ戻す置き換え！）

{1, 2, 3}の置換全体（∗）が，積に関し(i)，(ii)，(iii)をみたしているという意味で，置換群をつくるというのである。一般的な立場でいえば，これは3次の置換群 G_3 である。

（∗）で表わされている6つの置換のうち，左側に書かれている3つ——これを上から順に，σ_1，σ_2，σ_3 とする——は，このどの2つの積をとっても，やはりこの3つのうちの1つになっている。た

とえば$\sigma_2\sigma_3=\sigma_1$，$\sigma_2\sigma_2=\sigma_3$である。さらに，すぐ確かめられることだが，この3つだけでも(i)，(ii)，(iii)をみたしている。

この3つの置換σ_1，σ_2，σ_3のつくる群を3次の交代群といってA_3で表わす。

A_3に属する置換は，恒等置換σ_1から出発して，2つのものの入れかえを，偶数回行なって得られているものである。実際

$$\sigma_2=\begin{pmatrix}1&2&3\\2&3&1\end{pmatrix}\quad \text{はまず } 1\frown 2\text{，次に } 1\frown 3$$

$$\sigma_3=\begin{pmatrix}1&2&3\\3&1&2\end{pmatrix}\quad \text{はまず } 1\frown 2\text{，次に } 2\frown 3$$

と入れかえた結果として得られている。

恒等置換は，それだけで(i)，(ii)，(iii)をみたしているから，これも群といってよい。これはただ1つの置換eからなる群である。この群を簡単に$\{e\}$と表わしておこう。

結局，3次の置換群G_3は，

$$G_3\supset A_3\supset\{e\} \qquad (13)$$

と，群で築き上げられた3階建の建物のようになっている。どちらを1階とみるかは好みの問題だが，ここでは，G_3をグランド・フロア，A_3を2階，$\{e\}$を3階とみることにしよう。このとき元の個数は

$$6,\quad 3,\quad 1$$

で私たちはこれからこの比の値

(#)　$$6:3,\quad 3:1$$

すなわち，2，3に注目していくことになる。

さて，そこで3次方程式の解法に戻ろう。前に述べた因数分解の公式を用いる解法は，いかにも‘天からの妙音’を聞いたような解き

方だったから，ここではもう少し分析的に考えていく。

前のように，3次方程式を

$$x^3+ax+b=0 \qquad (14)$$

の形に書いておく。この3つの解を x_1，x_2，x_3 とすると，解と係数の関係から

$$\begin{aligned} x_1+x_2+x_3 &= 0 \\ x_1x_2+x_1x_3+x_2x_3 &= a \qquad (15) \\ x_1x_2x_3 &= -b \end{aligned}$$

が成り立つ。この左辺に現われた，x_1, x_2, x_3 に関する3つの整式を基本対称式という。この特徴は，x_1, x_2, x_3 の間で順序を入れかえてみても，式の形が変わらないということである。さし当り x_1, x_2, x_3 は変数のように考えることにする。

一般に，x_1, x_2, x_3 に関する整式

$$P(x_1, x_2, x_3)$$

が与えられたとき，G_3 の元 σ に対し，新しい整式

$$P(x_{\sigma(1)}, x_{\sigma(2)}, x_{\sigma(3)})$$

を考えることができる。(この整式を $\sigma P(x_1, x_2, x_3)$ と書くこともある。)

たとえば

$$P(x_1, x_2, x_3) = x_1{}^3-2x_2+5x_2x_3{}^7$$

で，置換 σ が(☆)で与えられているときには，

$$P(x_{\sigma(1)}, x_{\sigma(2)}, x_{\sigma(3)}) = x_2{}^3-2x_3+5x_3x_1{}^7$$

となる。

整式 P が，すべての $\sigma\in G_3$ に対して，‘不変性’

$$P(x_{\sigma(1)}, x_{\sigma(2)}, x_{\sigma(3)}) = P(x_1, x_2, x_3)$$

を示すとき，P は対称式であるという。

実は，対称式は基本対称式 (15) の整式として表わされることが知られている。したがって，群 G_3 に導かれて入ったグランド・フロアでは，６つの置換で整式はあちこち動かされているが，ここではさらに次のような'景色'が展開していることがわかった。

（Ｉ）　G_3 で不変であるような x_1, x_2, x_3 に関する整式——対称式——は，(14) の係数 a, b についての整式として表わされる。

それでは，私たちは次に系列 (13) において，グランド・フロア G_3 から，さらに２階へ上って，A_3 に注目してみよう。A_3 は，G_3 に比べて元の個数が半分の３つにまで減ったのだから，対称式でなくとも A_3 の元に対しては不変性を示す整式があるかもしれない。そのような整式の中で，もっとも基本的なものは，判別式とよばれる

$$\triangle = (x_1 - x_2)(x_1 - x_3)(x_2 - x_3)$$

である。$\triangle$ は，たとえば x_1 と x_2 を入れかえてみると符号が変わるから，対称式ではない。しかし，A_3 に属する置換では不変である。たとえば，A_3 に属する置換

$$\sigma_2 = \begin{pmatrix} 1 & 2 & 3 \\ 2 & 3 & 1 \end{pmatrix}$$

で，$\triangle$ の中の変数をかえてみると，まず $x_1 \frown x_2$ の入れかえで符号が変わり，次に $x_1 \frown x_3$ の入れかえでもう一度符号が変わるから，結局 $\triangle$ は，上の置換で不変となる。

$\triangle$ は，対称式ではないから，a，b の整式としては表わせないが，巾根を用いると次のように，a，b を用いて表わすことができる：

$$\triangle = \sqrt{-4a^3 - 27b^2}$$

私たちは，群 A_3 に導かれて２階に上ったのであると想像しよ

う。2階に上ったとき，（I）に対応する定理は，2階では次のように述べられる。

（II） A_3 で不変であるような x_1，x_2，x_3 に関する整式は，(14) の係数 a, b と $\triangle$ に関する整式で表わされる。

そこでさらに3階へ進もうとする。しかし3階に上ってみれば，そこには働く置換としては，恒等置換 e しかない。したがって，3階まで上ってみると，x_1, x_2, x_3 それぞれが $\{e\}$ で不変な整式となっている。

3階へ上ると整然と並んでいる，解 x_1, x_2, x_3 を，何とか2階へ下ろせないだろうか。そうすると，x_1, x_2, x_3 は，a と b と $\triangle$ で表わす道が開けてくるかもしれない。

x_1, x_2, x_3 を強引に2階へ下ろしてくる工夫は，ラグランジュによってなされた。ラグランジュは

$$\phi = x_1 + \omega x_2 + \omega^2 x_3, \qquad \psi = x_1 + \omega^2 x_2 + \omega x_3$$

という式を考えた。ϕ も ψ もまだ3階にいる。実際，A_3 の元 σ_1，σ_2，σ_3 の働きに対して，ϕ，ψ は

$$\sigma_1\phi = \phi, \qquad \sigma_1\psi = \psi$$

$$\sigma_2\phi = x_2 + \omega x_3 + \omega^2 x_1 = \omega^2\phi, \quad \sigma_2\psi = x_2 + \omega^2 x_3 + \omega x_1 = \omega\psi$$

$$\sigma_3\phi = x_3 + \omega x_1 + \omega^2 x_2 = \omega\phi, \quad \sigma_3\psi = x_3 + \omega^2 x_1 + \omega x_2 = \omega^2\psi$$

となる。すなわち σ_2，σ_3 によって別の形へ動かされる。

しかし，

$$\sigma_1\phi \cdot \sigma_2\phi \cdot \sigma_3\phi = \omega^3\phi^3 = \phi^3$$

$$\sigma_1\psi \cdot \sigma_2\psi \cdot \sigma_3\psi = \omega^3\psi^3 = \psi^3$$

は，$\sigma_1, \sigma_2, \sigma_3$ によって，不変である。すなわち，ϕ^3，ψ^3 は2階にいる！

したがって ϕ^3，ψ^3 は，a, b と $\triangle$ による整式として表わされる。

したがってまた

$$\phi = \sqrt[3]{a,\ b\text{ と }\triangle\text{ についての整式}}$$
$$\psi = \sqrt[3]{a,\ b\text{ と }\triangle\text{ についての整式}}$$

となる。この $\sqrt[3]{\quad}$ の中を A, B と表わすと，結局，x_1, x_2, x_3 に関する連立方程式

$$x_1 + x_2 + x_3 = 0 \qquad ((15)\text{ による})$$
$$x_1 + \omega x_2 + \omega^2 x_3 = \sqrt[3]{A}$$
$$x_1 + \omega^2 x_2 + \omega x_3 = \sqrt[3]{B}$$

が得られた。これから，x_1, x_2, x_3 を求めてみると，前に求めたカルダノの公式と一致することがわかるのである。

考え方の方を主にして述べてみたかったので，最後の部分での計算は省略してしまった。1階から2階へ上るとき，△——係数の整式の平方根（$\frac{1}{2}$ 乗！）——をつけ加え，2階から3階へ上るときには，$\sqrt[3]{A}$, $\sqrt[3]{B}$ のように立方根（$\frac{1}{3}$ 乗！）をとる必要があったが，この巾根に出た2と3という数は，まさに(#)を反映しているのである。

一休み

一休みしましょう。1832年5月30日の朝，ガロアは決闘で21歳の命を断ちました。彼は，1829年，18歳のとき，パリの学士院に方程式に関する2つの論文を送りましたが，この論文はコーシーに送られたあと，そこで無くなってしまいました。1830年，彼は別の論文を再び学士院に送りました。学士院は今度はフーリエにこの論文の閲読を依頼しましたが，フーリエはこの論文を読まないうちに亡くなって，この論文も再び消失してしまいました。ガロアはその後3つの短い論文を発表した後，1831年1月に，大論文「方程式が巾根によって解かれる条件について」を3度学士院へと送りました。今回はポアッソンはていねいに論文を読みガロアの証明を理解しようと努力しました。幸運の女神がやっとガロアに向かって微笑むようにみえました。しかし，ポアッソンの学士院への答は，結局この形では論文は理解できないということでした。ポアッソンは報告の最後に「正しい意見を述べることができるためには，著者が彼の理論の全容を発表するまで待った方がよいのかもしれない」とつけ加えました。ガロアの論文は当時の数学の潮流をはるかに越えていましたから，ポアッソンのこの評価は正しい評価だったに違いありません。しかし，ガロアは，彼の理論の全容を発表する機会もないまま，決闘の前夜，遺書だけを残して死んでしまったのです。

約50年ほどたって，ジョルダン等によりガロアの論文は判読され，代数学の中のもっとも美しい理論——ガロア理論——として花開きました。

ガロア理論は，体(たい)の構成理論と置換群との対応を明確にし，方程式論をこの理論の１つの枠組の中におさめてしまったのです。方程式論の中から，解の公式をいかに求めるかというカルダノ以来の問題意識は完全に消えてしまいました。代数学の中心課題が，方程式論から別の所へと移されていったのです。やがて代数学は，群，環，体の理論を中心にすえて，まったく新しい理論体系を構築していくことになりました。

三次方程式の解法の分析でみたように，解を求めるために，四則演算のほかにさらに巾根まで用いるということは，いわば，巾根を少しずつつけ加えていって，考えている範囲を‘高め’ながら，解へ近づこうとすることに相当します。お話の中では，はっきりさせませんでしたが，四則演算という中には割り算も入っていますから，実際は整式だけではなくて，整式を整式で割ったもの，すなわち有理式まで考えに入れておく必要があります。そうすると，巾根をつけ加えるたびに，私たちは階段を上って，１階だけ上ったことになりますが，そのフロアでは，やはりまた四則演算が自由にできることになります。四則演算が自由にできる対象を，数学では体(たい)といいますが，その言葉を用いれば，方程式を解くということは，巾根をつけ加えて，体を積み重ねて，建物をどんどん高くしていくと，やがて最後に霧の中に隠れている解に上る階段を見つけることができるか，ということになります。

ガロア理論は，この体を積み重ねていく過程は，置換群という設計図の中に書きこまれており，設計図とでき上がった建物は，完全に１対１に対応しているということを示したものです。その結果として，たとえば５次以上の方程式が代数的に解けないということは，５次以上の交代群は単純群である，という群論の定理からの帰結となってくることを示したのです。

午　後

午後は，連立方程式の解法から線形代数の広野へと歩んでいくことにしよう。

ツル・カメ算に登場した２元１次の連立方程式の一般の形は

$$(\mathrm{E}_2)\quad \begin{aligned} ax+by &= k \qquad (1) \\ a'x+b'y &= k' \qquad (2) \end{aligned}$$

である。ツル・カメ算のときと同じように，この連立方程式を解くには，一方の変数を消去して，１次方程式にして解くとよい。たとえば y を消去するには，

$$(1)\times b'-(2)\times b：(ab'-a'b)x = kb'-k'b$$

とするとよい。したがって，(E_2) は

$$ab'-a'b \neq 0 \qquad (3)$$

のとき，まず解 x がわかって

$$x = \frac{kb'-k'b}{ab'-a'b}$$

同様にして y を求めてみると

$$y = \frac{k'a-ka'}{ab'-a'b}$$

すなわち (3) の条件のもとで (E_2) の解が求められたのである。

連立方程式 (E_2) の解を求めるのに，条件 (3) をおくことは強すぎると思われるかもしれないが，(3) が成り立たないときは，解は

全然ないか（例：$x+y=1$, $2x+2y=3$），あるいは解は無限に多くある（例：$x+y=1$, $2x+2y=2$）ということになる。実は条件（3）は，一次方程式 $ax+b=k$ のとき，さりげなくおいている条件 $a \neq 0$ に対応している。

未知数 x, y をもう1つ増やすと，未知数 x, y, z に関する3元1次の連立方程式

$$(E_3)\qquad \begin{aligned} ax+by+cz &= k &(4)\\ a'x+b'y+c'z &= k' &(5)\\ a''x+b''y+c''z &= k'' &(6) \end{aligned}$$

が得られる。これを解くのも消去法であって，考え方は，(E_2) を解く場合と同じである。

すなわち，(4) と (5) からまず z を消去する。その結果は

$$(ac'-a'c)x+(bc'-b'c)y = kc'-k'c$$

となる。また (4) と (6) からも z を消去する：

$$(ac''-a''c)x+(bc''-b''c)y = kc''-k''c$$

となる。この2式は，x, y に関する2元1次の連立方程式だから，ここから y を消去して（あるいは，(E_2) の場合の解の公式を用いて）x が求められる。

同様にして，y, z が求められ，それで (E_3) が解けたことになるのだが，その手数は大変である。手数の大変さに比例して，解の公式も次のようにやっかいなものになる（ここでは解が存在する条件は，以下の式で分母 $\neq 0$ で与えられている）。

$$x = \frac{kb'c''+k'b''c+k''bc'-kb''c'-k'bc''-k''b'c}{ab'c''+a'b''c+a''bc'-ab''c'-a'bc''-a''b'c} \qquad (7)$$

y, z も，似たような式で表わされるが，これは省略しよう。

(E_2) の解の公式でもそうであったが，(E_3) の場合には，もっと

顕著に解の公式の中に１つの特徴が現われている。それは，まず分母，分子に，６個の項からなるまったく似通った式が登場していることである。さらにもう少し仔細に見てみると，(7) の分母，分子に現われている項は，すべて

$$\square\ \square'\ \square''$$

の形をしており，分母ではこの□の中にa, b, c が１つずつ入って，すべての入れ方６通りが出そろっている。分子では同じように，□の中に k，b，c が１つずつ入って，やはり６通りの入れ方に対応する項が出ている。符号のつけ方は，まだよくわからない。

このような規則性に注目して，次のように２次の行列式と，３次の行列式を定義する。

２次の行列式：

$$\begin{vmatrix} A & B \\ A' & B' \end{vmatrix} = AB'-A'B$$

３次の行列式：

$$\begin{vmatrix} A & B & C \\ A' & B' & C' \\ A'' & B'' & C'' \end{vmatrix} = AB'C''+BC'A''+CA'B'' \\ -A''B'C-B''C'A-C''A'B \qquad (8)$$

この行列式の展開の規則は，下図のように対角線に沿ってかけ合わせ，↘方向には＋，↗方向には－を付したものとなっている。

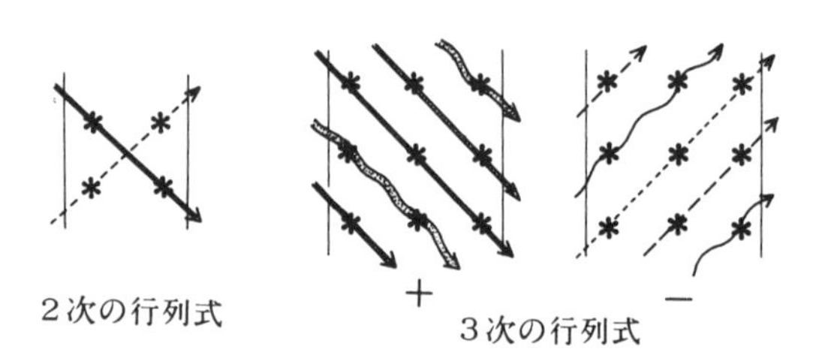

２次の行列式　　　３次の行列式

この行列式を用いると，(E_2) の解 x, y；(E_3) の解 x, y, z は次のような形にかき表わすことができる。（確かめてみられるとよいだろう。）

(E_2) の解：

$$x = \frac{\begin{vmatrix} k & b \\ k' & b' \end{vmatrix}}{\begin{vmatrix} a & b \\ a' & b' \end{vmatrix}}, \quad y = \frac{\begin{vmatrix} a & k \\ a' & k' \end{vmatrix}}{\begin{vmatrix} a & b \\ a' & b' \end{vmatrix}}$$

(E_3) の解：

$$x = \frac{\begin{vmatrix} k & b & c \\ k' & b' & c' \\ k'' & b'' & c'' \end{vmatrix}}{\begin{vmatrix} a & b & c \\ a' & b' & c' \\ a'' & b'' & c'' \end{vmatrix}}, \quad y = \frac{\begin{vmatrix} a & k & c \\ a' & k' & c' \\ a'' & k'' & c'' \end{vmatrix}}{\begin{vmatrix} a & b & c \\ a' & b' & c' \\ a'' & b'' & c'' \end{vmatrix}}, \quad z = \frac{\begin{vmatrix} a & b & k \\ a' & b' & k' \\ a'' & b'' & k'' \end{vmatrix}}{\begin{vmatrix} a & b & c \\ a' & b' & c' \\ a'' & b'' & c'' \end{vmatrix}}$$

これを見ると，解は，(E_2) の場合も，(E_3) の場合も同じルールによって表わされていることがよくわかる。どちらも同じだから，(E_3) の場合を見てみると，分母は，(4)，(5)，(6) の左辺の式から，x, y, z や＋（プラス）を取り除いて，係数の枠組だけ残した行列式となっている。分子の方は，x を求めるときには，(4)，(5)，(6) の右辺の値 k, k', k'' を，この係数の枠組の a, a', a''（x の係数！）のところに持ってきて入れかえた形となっている。y を求めるときには，k, k', k'' を b, b', b''（y の係数！）のところへ持ってきて入れかえている。z についても同様である。

なぜ，行列式という概念を用いると，このように，解の表わし方 (7) の中にはまだ見えなかった，はっきりとした規則性が浮き上がってくるのだろうか。その秘密は，間違いなく行列式そのものの中に隠されているに違いない。連立方程式 (E_3) を解くときに，絶対避けられない‘消去法’のやっかいな手続きは，一体，行列式のどこに吸収されてしまったのか？　この秘密を3次の行列式の場合に解明してみよう。

この秘密を解く鍵は，行列式のもつ次の2つの性質にある。

[*Key 1*] 縦の列に関する線形性

すなわち，たとえば縦1列に注目すると

$$\begin{vmatrix} \alpha A+\beta\widetilde{A} & B & C \\ \alpha A'+\beta\widetilde{A}' & B' & C' \\ \alpha A''+\beta\widetilde{A}'' & B'' & C'' \end{vmatrix} = \alpha\begin{vmatrix} A & B & C \\ A' & B' & C' \\ A'' & B'' & C'' \end{vmatrix} + \beta\begin{vmatrix} \widetilde{A} & B & C \\ \widetilde{A}' & B' & C' \\ \widetilde{A}'' & B'' & C'' \end{vmatrix}$$

が成り立つ。第2列目，第3列目に関しても同様の性質が成り立つ。

このことは，行列式の展開式（8）を見てみると，6つの項の中に，1列目の成分 A, A', A'' が，いつも1つだけ入っていることからすぐにわかる（たとえば，行列式 (8) の右辺第1項は，今の場合 $(\alpha A+\beta\widetilde{A})B'C''$ となるが，これは $\alpha AB'C''+\beta\widetilde{A}B'C''$ と分かれるのである)。

[*Key 2*]　2つの列が一致すると0

すなわち，たとえば1列目と2列目が一致しているときには

$$\begin{vmatrix} A & A & C \\ A' & A' & C' \\ A'' & A'' & C'' \end{vmatrix} = 0$$

となるのである。1列目と3列目が一致しているときも，また2列目と3列目が一致しても0になる。

このことは，上の行列式を矢印の規則で展開してみると，＋方向の矢印と，－方向の中に互いに打ち消し合うものがあることを，すぐに発見できることから確かめられる。

この2つの鍵が，どのように（E_3）を解くという鍵穴に合うのだろうか。

いま（E_3）の解を x_0，y_0，z_0 とすると

$$\begin{aligned} ax_0+by_0+cz_0&=k\\ a'x_0+b'y_0+c'z_0&=k' \qquad (9)\\ a''x_0+b''y_0+c''z_0&=k'' \end{aligned}$$

が成り立っている。x_0 を求めるために，いわば部屋の扉

$$\begin{vmatrix} k & b & c\\ k' & b' & c'\\ k'' & b'' & c'' \end{vmatrix}$$

の前に立ってみよう。この第1列 k，k'，k'' に（9）の左辺を代入して，*Key 1*，*Key 2* を使ってみると

$$\begin{vmatrix} k & b & c\\ k' & b' & c'\\ k'' & b'' & c'' \end{vmatrix}=\begin{vmatrix} ax_0+by_0+cz_0 & b & c\\ a'x_0+b'y_0+c'z_0 & b' & c'\\ a''x_0+b''y_0+c''z_0 & b'' & c'' \end{vmatrix}$$

$$\underset{Key\ 1}{=}x_0\times\begin{vmatrix} a & b & c\\ a' & b' & c'\\ a'' & b'' & c'' \end{vmatrix}+y_0\times\begin{vmatrix} b & b & c\\ b' & b' & c'\\ b'' & b'' & c'' \end{vmatrix}+z_0\times\begin{vmatrix} c & b & c\\ c' & b' & c'\\ c'' & b'' & c'' \end{vmatrix}$$

$$\underset{Key\ 2}{=}x_0\times\begin{vmatrix} a & b & c\\ a' & b' & c'\\ a'' & b'' & c'' \end{vmatrix}+y_0\times 0+z_0\times 0$$

$$= x_0 \times \begin{vmatrix} a & b & c \\ a' & b' & c' \\ a'' & b'' & c'' \end{vmatrix}$$

これで（E_3）の扉が開いて，まず x_0 が

$$x_0 = \frac{\begin{vmatrix} k & b & c \\ k' & b' & c' \\ k'' & b'' & c'' \end{vmatrix}}{\begin{vmatrix} a & b & c \\ a' & b' & c' \\ a'' & b'' & c'' \end{vmatrix}}$$

と姿を現わし，解の公式が得られたのである。y_0，z_0 も同様である。

ここには，まるで手際よい手品を見ているような，一瞬のうちに y_0，z_0 が消去されてしまう鮮やかさがある。

それでは同じように，4元1次の連立方程式

$$(E_4) \quad \begin{aligned} ax + by + cz + dw &= k \\ a'x + b'y + c'z + d'w &= k' \\ a''x + b''y + c''z + d''w &= k'' \\ a'''x + b'''y + c'''z + d'''w &= k''' \end{aligned}$$

を解くときにも，［*Key 1*］，［*Key 2*］に相当する性質をもつ，4次の行列式

$$\begin{vmatrix} A & B & C & D \\ A' & B' & C' & D' \\ A'' & B'' & C'' & D'' \\ A''' & B''' & C''' & D''' \end{vmatrix} \qquad (10)$$

を見つけさえすれば，すぐに解けるはずである。解の公式は，(E_2)，(E_3) の場合と同じ形になるはずである。

しかし，4次の行列式は，2次，3次の行列式のように対角線の規則で定義するわけにはいかないのである。そのことは，2次，3次の場合のアナロジーを追ってみると，4次の行列式とは多分

$$\square\ \square'\ \square''\ \square'''$$

という項からなる式で，この□の中に，A, B, C, D をいろいろの順序に入れて，符号を適当につけたものであろうと予想される。しかし，このようにしてつくった項の数は，4個のもののつくる順列の数 $4! = 24$ となり，(10) の対角線の数 $4+4 = 8$ より，はるかに多いのである。

実際は，4次の行列式を *Key* だけで完全に決めるためには，[*Key 1*]，[*Key 2*] に相当する性質だけでは不十分で，さらに

$$\begin{vmatrix} 1 & 0 & 0 & 0 \\ 0 & 1 & 0 & 0 \\ 0 & 0 & 1 & 0 \\ 0 & 0 & 0 & 1 \end{vmatrix} = 1$$

となるという条件を課しておく必要がある。しかし，そうしておくと，24個の項からなる整式として行列式が完全に決まり，それを用いて，(E_4) の解が，(E_2)，(E_3) の場合と同様な形で，行列式で表わすことができる。

一般に，n 元1次の連立方程式に対しても，n 次の行列式を同様に定義して解を表わすことができる。すべての解を求めるための消去法の手数は，実際は $n!$ にも達するのであるが，行列式は，これを一瞬のうちに済ましてしまうのである！　この行列式の理論をここで述べるわけにはいかないので，興味のある方は，線形代数の本

を参照して頂きたい。

ここで少し話が飛躍するようにみえるかもしれないが，2次方程式と2次関数との関係を思い出しておこう。たとえば，2次方程式

$$x^2-5x+8=2$$

は移項して，$x^2-5x+6=(x-2)(x-3)=0$ となるから，この解は $x=2$，$x=3$ で与えられることがわかる。

2次関数の立場では，これを次のようにみる。今度は，x を変数として，x をいろいろ変えたとき，対応して

$$y=x^2-5x+8$$

がどのように変化するかを調べる。この x と y の互いに相関する変化の中で，ちょうど y の値が2となるのは，変数 x がどのような値か，と聞くのが上の方程式を解くことになる（図73）。

方程式の方は，たとえば2元1次連立方程式の場合，ツル・カメ算を思い出して頂いてもわかるように，算術的な世界から誕生した静的な姿をとどめているが，一般に関数の方は，物体を投げたときの軌跡を追うような，力学的な動的な姿をとっている。もちろん，関数の方から見たからといって，方程式の具体的な解法が示唆されてくるわけではない。逆に方程式の解法がわかったからといって，関数のグラフの形がわかるわけではない。方程式と関数は，互いに関係し合っているが，それぞれ数学の異なる2つの世界を表現している。ごく大ざっぱにいえば，この異なる2つの世界とは，代数と解析である。

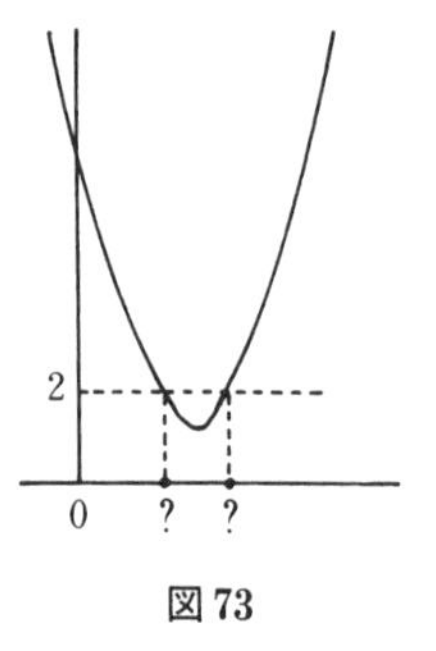

図73

この数学の中にある原理的な2つの世界へ眼を向けるならば，連立方程式に対しても，もう1つの世界へ向かう契機を見出すことができるはずである。たとえば，3元1次の連立方程式(E_3)に対しても，そこでの未知数x, y, zを，変数におきかえて

$$\begin{aligned} X &= ax + by + cz \\ Y &= a'x + b'y + c'z \\ Z &= a''x + b''y + c''z \end{aligned} \qquad (11)$$

とおくと，3つの実数の組(x, y, z)からなる‘変数’に，3つの実数の組(X, Y, Z)を対応させる‘関数’Tが得られる。ふつう数学ではこれを関数とはいわずに，$\boldsymbol{R}^3$から$\boldsymbol{R}^3$への写像Tという。$\boldsymbol{R}^3$とは3つの実数の組からなる集りであって，これもふつうは縦ベクトルとして表わす。したがって，上の写像Tは

$$\begin{array}{ccc} \boldsymbol{R}^3 & \xrightarrow{\ T\ } & \boldsymbol{R}^3 \\ \Cup & & \Cup \\ \begin{pmatrix} x \\ y \\ z \end{pmatrix} & \longrightarrow & \begin{pmatrix} X \\ Y \\ Z \end{pmatrix} \end{array}$$

と表わした方がはっきりする。もっとはっきり表わすためには(11)を

$$\begin{pmatrix} X \\ Y \\ Z \end{pmatrix} = \begin{pmatrix} a & b & c \\ a' & b' & c' \\ a'' & b'' & c'' \end{pmatrix} \begin{pmatrix} x \\ y \\ z \end{pmatrix}$$

と表わす。そして

$$A = \begin{pmatrix} a & b & c \\ a' & b' & c' \\ a'' & b'' & c'' \end{pmatrix} \qquad (12)$$

を，写像 T を表わす行列という。

行列と行列式は，概念は全然違うのに，同じような言葉を用いてしまったので，非常にまぎれやすい。英語では行列は 'Matrix'，行列式は 'Determinant' といい，全然違うのに，どうして日本語ではこんなことになってしまったのだろうか。行列と行列式の違いをはっきりさせるために，1つのたとえで，その違いを強調しておくことにしよう。たとえとしては，2次関数を考えることにしよう。単に2次関数だけを考えているようなときならば，$y = ax^2 + bx + c$ と書くかわりに［a，b，c］と係数だけ取り出して書いてもわかるだろう。だから［2，10，-3］と書けば，私たちはこれは $y = 2x^2 + 10x - 3$ と表わしていると了解することにするのである。この表わし方では，［2，10，-3］は関数記号である！　行列はこのような表わし方に対応するものである。(11) で，変数と＋(プラス記号）を取り除いて，係数の枠組だけ取り出したのが (12) で与えられている行列 A である。

一方，2次関数［2，10，-3］に対して，私たちは，判別式 $D = 10^2 - 4 \times 2 \times (-3) = 124$ を考えることができる。判別式は数値であって，この符号の正負は，2次関数のグラフが x 軸と交わるか（実解をもつか)，そうでないかを判定するのに用いられる。行列式は，この判別式に対応する概念である。それでは，行列式は，一体，写像 (11) の何を判定しているのか，ということが問題になる。

このことを述べる前に，(11) で定義されている，$\boldsymbol{R}^3$ から $\boldsymbol{R}^3$ への写像 T について，基本的なことを少し述べておく。

$\boldsymbol{R}^3$ の元を（3次元の）数ベクトルという。2つの数ベクトル

$$\boldsymbol{x} = \begin{pmatrix} x \\ y \\ z \end{pmatrix}, \qquad \boldsymbol{x}' = \begin{pmatrix} x' \\ y' \\ z' \end{pmatrix}$$

に対して

$$\text{和：} \boldsymbol{x} + \boldsymbol{x}' = \begin{pmatrix} x+x' \\ y+y' \\ z+z' \end{pmatrix}$$

$$\text{スカラー積：} \alpha\boldsymbol{x} = \begin{pmatrix} \alpha x \\ \alpha y \\ \alpha z \end{pmatrix}$$

を定義することができる。

このとき，T は

$$T(\boldsymbol{x}+\boldsymbol{x}') = T(\boldsymbol{x}) + T(\boldsymbol{x}')$$
$$T(\alpha\boldsymbol{x}) = \alpha T(\boldsymbol{x})$$

という性質をもっている。この性質をもつ写像を，一般に線形写像という。

したがって，(11) で与えられた写像 T は，$\boldsymbol{R}^3$ から $\boldsymbol{R}^3$ への線形写像であるが，逆に $\boldsymbol{R}^3$ から $\boldsymbol{R}^3$ への線形写像は，適当に係数をとると，必ず (11) の形に表わされることが知られている。

その意味で，$\boldsymbol{R}^3$ から $\boldsymbol{R}^3$ への線形写像を考える限り，その係数の枠組だけ取り出した (12) の形で与えられる行列を考えても，本質的には同じことになる。要するに，線形写像はいつでも行列で表

わすことにする，と約束しておいて，少しも差し支えないのである。

いま $\boldsymbol{R}^3$ から $\boldsymbol{R}^3$ への線形写像 T を表わす行列は，(12) の A で与えられているとし，行列式

$$D = \begin{vmatrix} a & b & c \\ a' & b' & c' \\ a'' & b'' & c'' \end{vmatrix}$$

を考える。このとき，D が 0 であるか，ないかがもっとも重要なことであって，これは次のことを判別する。

$$D \neq 0 \Longleftrightarrow T \text{ が 1 対 1 写像}$$

したがって，$D \neq 0$ のときには，$\boldsymbol{R}^3$ の任意のベクトル $\boldsymbol{y}$ に対し

$$T(\boldsymbol{x}) = \boldsymbol{y}$$

をみたすベクトル $\boldsymbol{x}$ がただ1つ決まる。この $\boldsymbol{x}$ を求めることが，3元1次の連立方程式を解くことに対応している。そして，解の公式は，T の逆写像 T^{-1}：

$$T^{-1}(\boldsymbol{y}) = \boldsymbol{x}$$

の形を具体的に求めたことになっている。

一日の旅を終えて

対　話

太郎君　ふつうの方程式の方は，次数が5次以上になると，もう解の公式はないというのに，連立方程式の方は，変数の個数をいくら増やしても，行列式を用いれば解を書き表わすことができるというのは，違いが大きすぎるようで不思議な気がします。

無涯先生　数学者に聞くと，代数方程式の方は非線形だし，連立方程式の方は線形の問題だから，事情は全然違うのだというだろう。たとえば，$x^2-3x=-2$ を解くときにも，連立方程式の真似をして，$T(x)=x^2-3x$ とおいてみても，$T(x+x')=T(x)+T(x')+2xx'$ となり，加法的な性質だけでは，2次方程式でさえとらえることはできないのである。2次以上の代数方程式は線形性をもっていない。線形性がないと，情況が個別的となってきて，たとえば2次方程式の解法は，3次方程式をどのように解いたらよいか，何も教えてくれないのである。ガロア理論は，代数方程式の解法の仕組みを，置換群の方へ移してみたものだが，代数方程式の非線形の困難さは，今度は，置換群の非可換性から生ずる複雑さの方に反映することになったのである。

それに反して，連立方程式の方は線形の問題であって，3元1次の連立方程式を解くということは，3つの平面の交点を求めるということである。同じように，n 元1次の連立方程式を解くということは，n 次元ベクトル空間 $\boldsymbol{R}^n$ の中に与えられた，n 個の平面の交点を求めるということである。平面は，一般には，交わるたびに次元が1つずつ落ちていく。だから，$\boldsymbol{R}^n$ の中に平面が n 個あると，これらの交わりを順次求めていくと，最後に1点が残り，この座標が解を与えることになる。これは消去法の原理そのものであるが，このことは，直観的にも理解しやすいことである。

太郎君　連立方程式の方は，変数の数 n をどんどん増していっても，いつでも解が求められるならば，$n \to \infty$ とした場合も考えられるのですか。僕がお聞きしたいのは，n 元1次連立方程式の‘$n \to \infty$ 版’があるのかということです。

無涯先生　収束の問題があるから，単純に $n \to \infty$ とするわけにはいかない。しかし，‘$n \to \infty$版’に相当するものは，確かにあるのであって，それは解析学の世界から登場したのである。1903年，スウェーデンの数学者フレードホルムは，次のような形の‘関数方程式’で定義される未知関数 $u(x)$ を求めようとした。

$$u(x) = f(x) + \lambda \int_0^1 K(x, t) u(t) dt \qquad (*)$$

ここで $f(x)$ は区間［0, 1］で定義された連続関数，λ はパラメータ，$K(x, t)$ は［0, 1］×［0, 1］で定義された2変数の連続関数である。$f(x)$ と $K(x, t)$ が与えられたとき，このような関係式から，$u(x)$ を求めることを，積分方程式を解くという。

もちろん，このような関係から $u(x)$ を求めるなど思いもつかぬことだし，また，連立方程式の話の中に，突然積分記号が出てびっくりしたかもしれない。しかし，驚いたのは君だけではなくて，当時の数学者もフレードホルムの論文に驚いたのである。フレードホルムは，この積分方程式は，n 元1次連立方程式の‘$n \to \infty$版’と考えて，一般には解くことができるということを明らかにしたからである。

フレードホルムの着想は，x 軸，t 軸の $[0,1]$ 区間を n 等分した分点を

$$x_1 = t_1 = \frac{1}{n},\ \cdots,\ x_k = t_k = \frac{k}{n},\ \cdots,\ x_n = t_n = \frac{n}{n}(=1)$$

とすると，積分の定義から，（＊）は近似的に

$$u(x) \fallingdotseq f(x) + \lambda\{K(x, t_1)u(t_1) + K(x, t_2)u(t_2) + \cdots + K(x, t_n)u(t_n)\}\frac{1}{n}$$

とかける。したがってまた，$x = x_1, x_2, \cdots, x_n$ において

$$u(x_i) \fallingdotseq f(x_i) + \lambda\{K(x_i, t_1)u(t_1) + K(x_i, t_2)u(t_2) + \cdots + K(x_i, t_n)u(t_n)\}\frac{1}{n} \qquad (i = 1, 2, \cdots, n)$$

が成り立つということからスタートした。もちろん

$$u(x_i) = u(t_i) \qquad (i = 1, 2, \cdots, n)$$

だから，$h = \dfrac{1}{n}$ とおいて左辺を $u(t_i)$ として移項して整理すると，$u(t_1), u(t_2), \cdots, u(t_n)$ に関する（近似的な）n 元1次連立方程式

$$(\lambda hK(x_1, t_1) - 1)u(t_1) + \lambda hK(x_1, t_2)u(t_2) + \cdots + \lambda hK(x_1, t_n)u(t_n) \fallingdotseq -f(x_1)$$

$$\lambda hK(x_2, t_1)u(t_1) + (\lambda hK(x_2, t_2) - 1)u(t_2) + \cdots + \lambda hK(x_2, t_n)u(t_n) \fallingdotseq -f(x_2)$$

$$\cdots \qquad \cdots$$

$$\lambda hK(x_n, t_1)u(t_1) + \lambda hK(x_n, t_2)u(t_2) + \cdots + (\lambda hK(x_n, t_n) - 1)u(t_n) \fallingdotseq -f(x_n)$$

が得られる。フレードホルムは，ここで $\fallingdotseq$ を等号 $=$ として，この連立方程式を解き，それから $n \to \infty$ とすると，n 個の解から得られ

る座標平面上の点

$$P(t_1, u(t_1)),\ P(t_2, u(t_2)),\ \cdots,\ P(t_n, u(t_n))$$

は，未知関数 $u(x)$ のグラフに近づくに違いないと確信し，そしてそれを証明したのである。

その意味で，君のいう連立方程式の‘無限次版’は，積分方程式という新しい衣裳をつけて，解析学の桧舞台に登場することになったのである。

太郎君　本当に驚きました。驚きついでにもう1つお聞きしたいのですが，連立方程式は，線形写像の立場でみることができるというお話でしたが，それでは，上の積分方程式の解法に対応する，線形写像の‘無限次元’というのはあるのですか。

無涯先生　ゲッチンゲン大学の教授であったヒルベルトが，フレードホルムの論文を見て，たぶん最初に気づいたのがその点であった。ヒルベルトは，フレードホルムの理論が成功したからには，無限次元空間の線形写像の理論もあるに違いないと考えて，やがてその構想を明らかにした。それは現在，ヒルベルト空間論とよばれるものの誕生であった。

7日目

仰　ぐ —— 数学史の流れ

ながむれば衣手涼し久方の

天の川原の秋の夕ぐれ

—— 式子内親王

旅も最後の日を迎えることとなった。山道を歩いていると，今まで頭上をおおうように枝を延ばしていた木立が突然切れて，思いがけず視界が開け，眼下に遠くの景色が望まれることもある。その景色の中に，平野の中を蛇行して流れて行く川や，その川にかかる小さな橋や，町々の家並みが，霞の中に融けこむように，どこまでも静かに広がっている。

数学史も，この山道から見晴らす景色のように見てみることはできないだろうか，とふと思う。そう思って古代ギリシャの数学の方に眼を向けてみようとしたが，これはあまりにも遠く，私には眼の前に広がる景色としては映じてこないのである。ギリシャのことを思っていると，私は今度はいつしか夜空の星を仰ぐような気分になっていた。夜の沈黙の中の星のまたたきは，ギリシャ数学を語るにふさわしいもののように思えた。

数学史を見る視点を，1つに絞りこむことは難しいようである。私はあまり無理をせずに，遠い昔のことを考えるときは星を仰ぐようなつもりで，近い昔のことを考えるときは山道から景色を展望するようなつもりで，数学史のことを少し述べてみることにしよう。全体としては，私の気楽な感想をつづることになる。

数学の歴史を遠くメソポタミヤやエジプトにまで溯ることは，数学史家の仕事のようである。私の遠い昔への最初の関心は，今から2400年前あたりの，前後100年の間（B. C. 450～350）に急速に学問としての体系に整ってきた，ギリシャ数学の‘英雄の時代’にある。私の少し前までの，漠然とした頼りないギリシャの知識では，この頃のギリシャというと，ピタゴラス学派と，ツェノンの逆理を提起したエレア学派のツェノンと，『原論』を著したユークリッドくらいしか名前があがらなかった。またギリシャのこの時代の数学の本といえば『原論』一冊なのだろうと思っていた。しかし私は，ギリシャ数学が勃興したこの凝集した100年という歳月を，何かはるか遠い昔の歴史の中に埋没してしまった短い期間のように読み間違えていたようである。同じように数学史上凝集した100年といえば，ニュートン，ライプニッツ以後，ベルヌーイ，オイラー，ラグランジュ，ラプラスという大数学者を生んだ，解析学誕生の18世紀をあげることができるかもしれない。この2つの100年は，実際は数学史上，ほとんど同じ重さをもっていたといってもよいのではなかろうか。

この時代に活躍したギリシャの数学者の名前を少しあげてみよう。

古くは

ターレス　（約B. C. 624～B. C. 548）

ピタゴラス（約B. C. 580～B. C. 500）

この二人は，半ば伝承の中にある人物である。ターレスはエジプトへ行って数学を学び，それをギリシャに持ち帰って来たといわれている。彼は影の長さから，ピラミッドの高さを測ったともいわれている。ピタゴラスの存在は，ピタゴラス学派とよばれている一種の秘密の組織の秘儀の中心に位して，今も深い霧に包まれている。しかし，数学の学問としての萌芽は，いわばこのあまり光の通らない土の中で育てられたのかもしれない。ボイヤーは，『数学の歴史』の中で次のように述べている。

> おそらくピタゴラス学派の規律のなかでもっとも顕著な特徴は，哲学や数学の探求が処世術の道徳的基盤であると確信をもって主張していたことであろう。‘哲学’(智への愛）や‘数学’（学習されるもの）という言葉そのものも，ピタゴラスが自分の知的活動を表現するためにつくりあげたと考えられている。

また，数学に演繹的体系としての学問の形を与えたのもピタゴラス学派が最初であるという説もあるようである。

ピタゴラスの没年と推定されるB.C.500年に引き続く50年の間にペルシャ戦争があり，その勝利の後，B.C.450年前後には，ギリシャはアテネを中心として文化の最盛期を迎えていた。

ボイヤーはこの時代を次のように特徴づける。同時に「この時期をわれわれは‘数学における英雄の時代’と呼ぶことにする。それというのも，この時期のあとにも先にも，人類がわずかな手がかりだけからかくも基本的に重要な数学の問題に取り組んだ時代はなかったからである。」この時代，多分，数学史の中に数学者として名を残す最初の人びととして次のような人たちがいた。

アルキュタス（B.C.428年頃生まれる）
ヒッパソソ　（B.C.400年頃活躍）
デモクリトス（B.C.460年頃生まれる）
ヒッピアス　（B.C.460年頃生まれる）
ヒポクラテス（B.C.430年頃活躍）

アナクサゴラス(B. C. 428 年没)
ツェノン　　　(B. C. 450 年頃活躍)

たとえばアナクサゴラスは，科学書で最初のベストセラーになった『自然について』を著した。当時アテネでこの本は1ドラクマで買えたという。その頃の本は，パピルスのようなものに巻物のように著されていたが，奴隷を用いる写本が盛んで，本は比較的安く入手できたという。実際，当時ギリシャではたくさんの本が著されていたようであるが，それらはすべて失われてしまった。たとえば，ヒポクラテスは，ユークリッドの『原論』の1世紀前に，すでに『幾何学原理』を著していたという。また，デモクリトスは原子論の提唱者として有名だが，当時は幾何学者としても有名だったのである。彼は多くの書物を書き，それらはすべて失われたが，かろうじて題名だけが残っているのでも，次のようなものがある。『数について』『幾何学について』『接触について』『写像について』『無理量について』，そのほか『ピタゴラス学派について』『世界秩序について』『倫理学について』などという著作もあるという。

しかし，この時代の少しあとに現われたエウドクソス（B. C. 408 年頃～B. C. 355 年頃）は，ギリシャの数学者の中でも，もっとも卓越した才能をもった人であったと考えられているが，彼の著作は一冊も知られていない。ユークリッドの『原論』に述べられている比例論の考えは，エウドクソスのものであるとされている。

もっとも，ユークリッド自身も『原論』以外にたくさんの著書を著したが，そのうちのかなりのものは失われてしまっている。失われた著作の中にある『曲面の軌跡』では，球面，錐面，柱面，円環面，回転楕円面，回転放物面，回転二葉双曲面についてか，またはこの曲面上にある曲線について述べていたらしい。また『ポリスマタ』という題名の本の中には，古代の解析幾何（代数的記法はなかったから，今とはまったく違うものだろうが）のようなものが取り扱われていたらしいという。

多くの文献が歴史の中に消えてしまったのだから，私たちにとってやはりギリシャは遠いのであり，数学がどれほどの広がりと深さをもち，またどのような思索が展開されたのかは，今となっては十分知ることはできないのである。

プラトンが数学を演繹の学から，さらに論証の学へと昇華させたという。ここまで至ったギリシャ数学の姿は，ユークリッドの『原論』に盛られて，その後，今に至るまで西欧思想の上に深い影響を与え続けてきたのである。

ギリシャ数学を少し眺めてみると，私たちは，ほとんど何もなかったところから，100年から150年の間に，数学という学問を創り出したギリシャ人の資質にただただ驚嘆するだけである。だが，単に数学の体系が創造されただけではないのかもしれない。プルタークによれば，アナクサゴラスは，牢獄の中で円の平方化の問題――円が与えられたとき，それと等積な正方形を求める問題――に没頭していたという。このことは，ナポレオンの士官であったポンスレがロシアの虜囚となった2年間に射影幾何を考えていたことや，近くはフランスの数学者ルレイが，第二次世界大戦中，ナチスへの抵抗運動で投獄された際，そこでスペクトル系列を考えていたことを想起させる。数学と数学者個人の生とのかかわり合いも，すでに2400年の昔に確立していたのである。

ユークリッドは，アレクサンドリアで『原論』を著したと伝えられている。ヘレニズム時代になって，数学の中心はギリシャからアレクサンドリアに移ったが，大数学者アルキメデス（B. C. 287～

B. C. 212）は，アレキサンドリアで学んだこともあり，またアレキサンドリアの学者達と交流もあったろうが，彼が住んでおり，そして最後にローマ兵に殺されたのはシラクサであった。

プラトンを経て，数学はギリシャでしだいに観念的な姿を明確にしてきたが，アルキメデスの数学は，『原論』とは異なる道を指し示している。実際，アルキメデスは，数理科学の父ともいわれている。アルキメデスは，現在でいえば工学に関するさまざまな問題に数学的な考察を行なっていた。また，アルキメデスは種々の図形の面積を求める過程で，現在の積分に近い考えを示している。また角の3等分を，有名なアルキメデスの螺線を用いて解いたが，アルキメデスは，螺線を研究しているうちに，微分法に似た考えで，この曲線の接線を見つけたようである。

アルキメデスの多くの著作は，やはりかなり失われたようである。アルキメデスの著作は，『原論』のように，西欧文化の歴史の中で学問の典型のようにつねに仰ぎ見られるということはなかったようである。2000年以上の歳月の間に，文献の消失と，発見がどのようになされるものか，少し長いがボイヤーの『数学の歴史』から引用してみよう。

> このようにすばらしい成果をおさめた2000年以上も昔のこの著作（註：アルキメデスの『方法』を指す）は，1906年，ほとんど偶然に再び陽の目をみたのである。ことのはじめは，ノルウェーの不屈の学者ハイベルグが，コンスタンティノープルに数学的内容のパリンプセストがあるという情報を書物から得たことにあった（パリンプセストとは，一度かいた羊皮紙などの上に，前の内容を消して別の新しい内容をかきつけたもの

をいう。もとの内容はふつう完全には消えていない)。そのパリンプセストをつぶさに調べた結果，もとの文にはアルキメデスの文章が含まれているらしいことがわかったため，ハイベルグは写真を使い，そのアルキメデスによる内容のほとんどの判読に成功したのである。原文は185枚にわたっており，そのうち紙のものも2～3枚あったが，ほとんどは羊皮紙であった。それらの羊皮紙の上に，まず10世紀のひとびとがアルキメデスの文章をかき写し，その後，エウコロギオン（東方正教会で使っていた祈とう文や儀式文集）に使うためそれらは13世紀頃新しくかき直されたが，幸運なことに，抹消がいずれも不完全だったのである。ところで，（アルキメデスの著作のうち）『球と円柱について』の数学的な内容の部分，『螺線について』の大部分，『円の測定』と『平面のつりあいについて』の一部および『浮体について』は，すべてほかの写本でも残っている。しかしいちばん重要な『方法』に関して，それらのパリンプセストだけがわれわれに伝わる唯一の写本なのである。そしてある意味では，パリンプセストは，学問に対する中世の貢献を象徴している。はげしい情熱を傾けて宗教的行事に没頭していた中世のひとびとは，古代のもっとも偉大な数学者のもっとも重要な著作の1つを，あやうく消し去るところであった。しかし，それを不本意ながらも保存したのは，結局のところ中世の学識であった。さもなければ，それは失われていたかもしれないのである。

その後，アポロニウス（約B. C. 262～B. C. 190）の円錐曲線論も現われたが，やがてしだいに数学の活動は沈滞へと向かい，長い中世の時代を迎えることになった。中世は，ルネッサンスの頃から考えられていたほどの野蛮な時代ではなく，十分豊かな文化をもっていたと見直されてきたようであるが，数学に限っていえば，やはり不毛の時代であった。

641年までに，長い間世界の数学の中心であったアレクサンドリアはイスラムによって攻め落とされ，図書館にあった厖大な文献はこのときを最後として，ほとんど完全に失われてしまった。

しかし，8世紀後半になると，イスラム世界は突然文化的に目覚めたのである。ボイヤーは，次のように述べている。

> 当時のバグダードにはユダヤ人やネストリウス派のキリスト教徒を含む，シリアやイランやメソポタミヤの学者が招かれていた。……しかし，アラビア人が全面的に翻訳に情熱を傾けたのは，カリフ，アル・マアムーン（809〜833年）の時代であった。アル・マアムーンは夢枕にアリストテレスが現われたことによって霊感を得て，プトレマイオスの『アルマゲスト』やユークリッドの『原論』の全巻を含む入手可能なあらゆるギリシャの書物をアラビア語に翻訳させることを決心したといわれている。ギリシャの写本は，アラビア人が不安定ながら和平を保っていた東ローマ帝国から協議を経て得られたものであった。

ここで，代数学の創始者とみなされる，アル・フワーリズミーの仕事が生まれたのである。アル・フワーリズミーの『代数学』は6つの短い章からなり，そのはじめの半分は，主に2次方程式の解法にあてられている。アラビア人は，前提から結論を導くのに明快な論法を好み，数学に対する姿勢は，実際的で現実的なものであった。

アラビアから再びヨーロッパへ数学が戻り，そこで新しい西欧精神の目覚めの中で数学が胎動をはじめてくるのは，13世紀になってからである。

イタリアで代数学の研究がまずおこってきたのは，航海術の発展によって，経済活動が交易を中心にして広範な国々との間に行なわれるようになり，同時に商業の中に，為替業務や手形などが取り入れられて，算術や，さらに代数学の必要性と関心が高まってきたからであるといわれている。

フィボナッチ数列で知られるフィボナッチ（約1174～1250）はピサの人であり，3次方程式の解法で有名なカルダノ（1501～1576）はミラノの人であったが，彼らはこの時代の波の中で誕生してきたのである。イタリアにおける代数学の進展の過程で，しだいにローマ数学にかわってアラビア数学が用いられるようになり，記数法や，数学の記号がしだいしだいに整えられてきたのである。

しかし，まことに西欧的な数学は，やはりデカルト（1596～1650）によってはじまるといってもよいように思われる。デカルトは，よく知られているように，座標の導入によって，解析幾何学を提起し，それによって，ギリシャ以来の幾何学に対して，まったく新しい数学的な世界が拓かれていくことを示したのである。

デカルトによる貢献は，さらに‘変数’概念の導入にあった。古代の数学では，変数や関数の一般的な概念については，何も創造することはなかったのである。変数概念の導入は，古代から中世にかけての数学と，近世の数学を画然と分けるものであった。変数概念の導入を可能としたのは，16 世紀から 17 世紀はじめにかけて，数式の代数的記号化が進み，それによって，変数に関する数学的取り扱いを解析的手段を用いて行なうことができるようになったことによっている。この決定的な一歩を踏み出したのはデカルトであった。ドイツの数学者ハンケル（1839-1873）は次のように述べている。

> 現代数学は，デカルトが方程式の純粋に代数的な取り扱いから変量の研究へと移ったところからはじまる。一般的に表わされている変量の 1 つが連続的な値をとって動くとき，それは代数的な表現によって表わされるのである。

このあと，1680 年代ニュートン，ライプニッツによって微分，積分学が誕生し，数学は力学的な世界観を背景として，解析学の壮麗な建築を，驚くほどの速さで築いていったのである。ほとんどすべての問題は力学的な関心から生じ，得られた結果は再び力学的世界の中へ吸収されていった。18 世紀の偉大な数学者，ベルヌーイ，オイラー，ダランベール，ラプラス，ラグランジュ等にとって，力学は解析学を育てる豊饒なる大地であった。

私はこの時代に，西欧数学の特質ともいえる‘実証的な数学’が明確な，自覚的な姿をとって現われてきたのだと思っている。対照していえば，ギリシャ数学の特質は，‘論証的な数学’であったといってよいだろう。論証の対象となる，静的な幾何学的な形が眼の前に広がっているかわりに，動的な，ほとんど無限ともいってよい多様性を示す力学的な現象を示す世界が，このときヨーロッパの人びとの前に展開してきたのである。この世界は西欧の合理的な精神の中で，数学による実証を待っていた。ニュートンの『プリンキピア』は，その表現形式は『原論』の影響を強く受けているが，表現されているものは，やはり論証ではなくて，数学的原理に基づく時空の中に揺らぐ世界像の実証であった。

この数学に対して開かれた新しい広大な実証を待つ世界は，18世紀の半ば頃までは，尽きることのない泉から水を汲みとるように，数学に活力を与え続けるだろうと信じられていたに違いない。しかし，この泉にも涸渇する状況が現われてきた。当時の解析学で現実に解明できる現象は限られていたから，18世紀末には，すでに解かれるべきものはすべて解かれてしまったというような，不安なかげりが，数学をしだいにおおってきたのである。ニュートン，ライプニッツ以来の，解析学開花の黄金時代ともいうべき100年にも，幕が引かれようとしていた。第二の‘英雄の時代’も終わろうとしていた。

ラグランジュは，1781年9月21日付の日付の手紙で，ダランベールに次のように書き送っている。

> 私にとっては，数学の鉱山はすでにあまりにも深く掘りすぎてしまったので，もしだれかが，新しい鉱脈を発見しないならば，遅かれ早かれ，この鉱山を見棄ててしまうことになるのではないかと思われます。物理学と化学は，今は一層豊かとなり，一段と研究開発も容易に進められるようになって，今世紀が志向する方向も，完全にこちらに向けられてきたようにみえます。これでは学校における幾何学の座も，やがて現在の大学におけるアラビア語で占められているような所におさめられる

ことになるかもしれません。

この考えは，フランス学士院の数学・物理分野で終世秘書の地位にあったドランブルによる1808年の論文「1789年以降の数学の進歩と現状についての歴史的な観点からの報告」の中で，もっとはっきりと述べられている。

> 今後未来が，数学の進歩に対してどのようなチャンスを与えてくれるものかを，解析してみることは，困難でもあるし，また無謀なことでもある。数学は，ほとんどすべての分野にわたって，越えることのできないような困難に直面している。細かい点を完全にすることだけが，残されている唯一の仕事のようにみえる。これらの困難さのすべては，われわれの解析学のもつ力が，実際上，ほぼ使い果たされてしまったことを告げているようにみえる。

しかし，西欧の文化が19世紀に入って，哲学では観念的な傾向を示しはじめ，芸術ではロマンティックな色彩を強めるようになると，その気運に応ずるかのように，数学も数学自身の中に実証の世界を求めようとするようになった。数学者の眼は数学内部に向けられ，数学は深まり，独立した学問として育ちはじめるようになってきたのである。ガウス，アーベル，ガロア，ヤコビ等による数論や解析が織りなす美しい数学が，この深みから浮かび上がってきた。また解析学もフーリエによるフーリエ級数の導入により変貌しつつあった。解析学の方法が適用される関数の範囲は，連続関数からさらに不連続関数も含むようなところまで飛躍的に広がっていったのである。また，コーシーのように，複素数の中で，新しい解析学――関数論――を創造する動きも出てきた。幾何学もまた，非ユークリッド幾何が出現しただけではなく，やがて射影幾何の中に統合されるようなさまざまな幾何学が登場してきて，賑やかなものとなった。

数学が，数学自身の中に研究対象を見出すようになると，再びギリシャ的な論証の眼によって，数学，特に解析学の基礎を見直す動きが強まってきた。しかし今度は論証の対象となるものは，幾何学の図形ではなくて，解析の根底に組みこまれている‘無限’という得体のしれないものであった。無限小とか，極限とか，さらにはその基礎にある実数に対して，論理的に確実な基盤を与えようと目指しはじめたのである。ワイエルシュトラスやデデキンドの努力で，この目標は達せられ，一まずの成功はおさめたようにみえた。しかし，カントルの出現によって事態はまたふり出しに戻ったようである。カントルのように，‘無限’を裸で取り出してみれば，それははたして論証の対象となり得るものなのか。コンパスで円を画いたり，定規で直線を引くような操作を一切拒否し，ただ観念の世界にのみ存在する‘無限’に向かって，論証すべき手を私たちは，どこへ向けて延ばしたらよいのか。観念的な世界の中だけで，本当に私たちを説得し得る論理というものはあるのか。これは難しい問題である。数学は多くの形式を導入してきたが，これらの形式は互いに働き合って，強い整合性を示し続けてきた。この整合性を支えるものは，私たちの中にあるアプリオリな数学的直観ではないかと私は思っている。無限概念の数学的確立の過程で，論証の基盤にすえられたものは，結局のところ，この直観形式ではなかったのだろうか。しかし確かなことは，今も私にはわからないのである。

この無限概念の登場を1つの契機として，19世紀の終わりから20世紀前半にかけて，まったく新しい数学の動きが生まれたのである。それは，ヘブライ的ともいえる'抽象数学'への強い志向であった。この抽象的な数学は，対象となる数学から，形というものを捨象してしまった。実証すべき世界が消えたのである。この過程で，抽象代数学や，位相空間や，無限次元の関数空間の理論が誕生してきた。

バナッハの言葉を用いれば，ここにはアナロジーの間にアナロジーを求めるような，果てしない高みへと上っていく運動があった。アナロジーの裏には，多分相反する相のもつ矛盾があって，アナロジーと矛盾との相剋する火花が，抽象数学に尽きることないエネルギーを与え続けていたのである。20世紀前半には，この相反する相がとりわけ有限と無限という2つの対立する世界像の中にはっきりと現われて，それが数学者の精神を激しく揺り動かし続けた。数学を動かす力自身が，すでにアナロジーとしかいいようのないような抽象的なものであった。

ヘブライ的と書いたのは，この動きには西欧の実証的な精神よりは，はるかに強くユダヤ的なものが反映していると見えるからである。実際，抽象数学の渦の中心には，つねにユダヤ系の数学者がいた。

集合論の創始者カントル，その見解に反対して構成的な立場を主張したクロネッカー，抽象代数学の理念と方法を確立したエムミー・ネーター，固有値問題を関数方程式の高みにまで押し上げたクーラント，'ユダヤ人の物理学'とゲッチンゲンでいわれていた量子力学に，ヒルベルト空間の理論によって数学的に基礎づけを与えたフォン・ノイマン，バナッハ空間の創始者バナッハ，位相空間のクラトフスキなど，すべてユダヤ系の数学者であった。

また，アインシュタインは，ユダヤの生んだ最大の天才であるが，彼の相対論の数学的系譜の中にいるミンコフスキ，レヴィ・チゾタ，リッチなどもユダヤ系の人達であった。

有名なブルバキの数学は，このどこを目指して進むのかわからぬほど，絶えず高みを目指して動き続けるヘブライ的な数学を，もう一度ギリシャ的な静的な数学の世界の中に止めようとした，1つの試みであったようにもみえる。

数学史をふり返ってみると，数学の大きな流れとして，ギリシャで生まれた論証的な数学と，西欧精神の1つの表現としての実証的な数学と，ヘブライ的な20世紀前半の抽象数学があるようである。

20世紀後半になって，この大きな3つの流れは1つになって，奔流となって流れはじめたようである。しかしこの3つの流れを綜合する原理はどこにあるのかは，まだだれも見定めきれていないようである。この奔流に足を踏み入れることは，また新しい旅のはじまりとなるだろう。身軽な出て立ちで出発した私たちは，この辺りでそろそろ旅を終わらなくてはならない。景色に誘われて，いつしか遠くまで足を運んだようである。

あとがき

本書を執筆するきっかけとなったのは，名古屋大学教授砂田利一さんが，『基本群とラプラシアン』（紀伊國屋数学叢書）のまえがきの中で，私のことに触れられていたことによる。たまたまその一文が，紀伊國屋書店出版部の水野寛氏の眼に触れ，私に数学のおもしろさ，楽しさを伝えるような一書を著してみないかとお勧めがあったのは，昨年5月のことであった。

数学のおもしろさを伝える本は多くあり，その中にはすぐれた本もいくつかある。しかし概していえば，数学のもつ緊張感を伝えるよりは、トピックスによって数学のおもしろさを伝えようとする本が多いようである。知ることは楽しむことにしかずというような楽しみを伝えるにはどうしたらよいのだろうか。

私は数学を長く学んできて，多くの数学者ともつき合ってきたが，その中で感取したことは，数学者は数学とともに世を経ているという一事であった。ともに世を経ているというこの感慨の中には，数学が単に断片的な思索から成り立っているものではなく，一貫して流れる思索の道があるという想いが秘められている。その中に数学者の生を支えるに足る数学の楽しみがあるに違いない。

私は水野氏からの依頼をうけてあれこれ考えているうちに，いつしか旅心というような言葉を思っていた。旅という言葉の中には，私たち日本人にしか伝わらぬある独特な調べがある。私は，数学もまたひとつの旅であると観ずることによって，私たちのごく身近に数学をおくことができるのではないかと考えた。

この原稿の執筆は昨年の夏から初秋へかけて行なわれたが，それは私自身にとっても旅の道を一歩，一歩，歩んでいくような経験となった。今は，この7日間の旅を通して，数学の風景とそこに通う風のそよぎを読者が感取して下さることを望んでいる。なお7日目の20世紀前半の数学史の中で触れたヘブライ的数学ということで，私がどのような数学の動きを伝えたかったかについては，『無限からの光芒』（日本評論社）を参照して頂きたい。そこに登場して，夢のような数学の創造を目指した数学者たちは，すべてユダヤ系のポーランド人であった。

水野寛氏には，本書出版に際し，はじめから終りまで大変お世話になった。ここに記して感謝の意を表わしたい。

1990年元旦

志賀　浩二

著　者

志賀浩二（しが こうじ）

1930年、新潟生まれ。1955年、東京大学大学院数物系数学科修士課程を修了。東京工業大学名誉教授。著書に『数学30講シリーズ』全10巻（朝倉書店）、『数学が生まれる物語』全6巻、『数学が育っていく物語』全6巻、『中高一貫数学コース』全11巻、『算数から見えてくる数学』全5巻（以上、岩波書店）、『大人のための数学』全7巻（紀伊國屋書店）、『数学という学問』全3巻（筑摩書房）ほかがある。

数学　7日間の旅
〈新装版〉

1990年3月8日　第1刷発行
〈新装版〉
2018年5月28日　第1刷発行

発行所　株式会社 紀伊國屋書店
東京都新宿区新宿 3-17-7

出版部（編集）電話 03(6910)0508
ホールセール部（営業）電話 03(6910)0519
東京都目黒区下目黒 3-7-10
郵便番号 153-8504

ISBN 978-4-314-01159-4 C0041
Printed in Japan
定価は外装に表示してあります

印刷　シナノ パブリッシング プレス
製本　図書印刷
装幀　金 有珍